Dampflokomotiven

Das große Finale

J. Michael
Mehltretter

transpress
spezial

Einbandgestaltung: Sven Rauert
Titelbild: Anfang der 70er-Jahre waren die letzten Exemplare der Baureihe 01 der Deutschen Bundesbahn im Bw Hof beheimatet. Die Maschinen kamen auch auf der bekannten »Schiefen Ebene« zwischen Neuenmarkt-Wirsberg und Marktschorgast zum Einsatz. Mit einer eindrucksvollen Dampffahne befördert 001 168 am 13. April 1973 den Eilzug E 1863 Tübingen–Würzburg–Bamberg–Hof bergwärts und wird gleich den Block Streitmühle passieren.
Foto: J. M. Mehltretter

Bildnachweis:
Die zur Illustration dieses Buches verwendeten Aufnahmen stammen – wenn nichts anderes vermerkt ist – vom Verfasser.

ISBN 978-3-613-71429-8

Spezialausgabe 1. Auflage 2012

Sie finden uns im Internet unter www.transpress.de

Lektor: Hartmut Lange
Innengestaltung: Tebitron GmbH, 70839 Gerlingen
Repro: Gold Rose Publishing Ltd., 70190 Stuttgart; Tebitron GmbH, 70839 Gerlingen
Druck und Bindung: LEGO SpA, I-36100 Vicenza
Printed in Italy

J. M. Mehltretter

Dampf-Lokomotiven

Die letzten in Deutschland

Die Baureihe 01 in ihren letzten Tagen: 001 111 mit dem Personenzug 3228 Regensburg–Hof kurz vor Regendorf.

(1.) Vorwort

Das Ende der Dampftraktion in Deutschland ist fast schon ein Vierteljahrhundert Geschichte. Mit dem Auslaufen des Sommerfahrplanes 1977 mußten auch die letzten der schwarzen Giganten die Schienen für immer verlassen. – Schon Mitte der Fünfziger Jahre wurde mit der Konzipierung und dem Bau neuer elektrischer oder dieselbetriebener Lokomotiven eine Entwicklung eingeleitet, bei der der Dampflokomotive nur noch die Aufgabe zufiel, den Zugförderungsbetrieb solange aufrechtzuerhalten, bis die genannten Nachfolger serienreif geworden und in genügender Anzahl vorhanden waren, um das Erbe der Dampflok antreten zu können. – Mit der Elektrifizierung der Fernverbindungen verschwanden zuerst die offensichtlichsten und wohl markantesten Vertreter der Dampflokepoche, die mächtigen, großrädrigen Schnellzuglokomotiven, aus dem Gesichtsfeld des Betrachters. Später erschienen auch auf den Nebenbahnen die Dampfrösser immer seltener, Jahr für Jahr verringerte sich die Anzahl sowohl der verschiedenen Baureihen als auch der Gesamtbestand der bei der DB im Dienst befindlichen Maschinen unaufhaltsam.

Die kurze Unterbrechung der geschilderten Entwicklung im Jahr 1970, als das große und unerwartete Anwachsen des Schienenverkehrs die Notwendigkeit brachte, selbst bereits von der Ausbesserung zurückgestellte Darnpflokomotiven noch einmal aufzuarbeiten und wieder in den Triebfahrzeugpark einzureihen, konnte nicht darüber hinwegtäuschen, daß die Dampflokomotive aufgrund des technischen Fortschrittes und der zeitgemäßen Forderungen nach Wirtschaftlichkeit und möglichst universeller Einsatzmöglichkeit ausgedient hatte. – Im Zuge dieses Strukturwandels mußten immer mehr Bahnbetriebswerke ihren Dampflokbestand abbauen, besonders im Bereich der Reisezugförderung verschwanden die schwarzen Ungetüme zuerst von der Bildfläche. Gegen Ende der Dampftraktion konnte man nur noch zuweilen schwere, vier- oder fünffach gekuppelte Güterzuglokomotiven beobachten, die allein aus Mangel an leistungsstarken Diesellokomotiven auf nicht elektrifizierten Strecken ihren Dienst versahen. Auch erhielten im Sommer 1973 einige Maschinen der Baureihen 042, 043 und 050 im AW Braunschweig wieder eine Untersuchung nach der Schadgruppe »L 2«, d. h. sie wurden in größerem Umfange noch einmal überholt und aufgearbeitet. All diese Bemühungen haben jedoch nicht verhindern können, daß im Herbst des Jahres 1977 die letzten Maschinen auf das Abstellgleis geschoben wurden und dem Schneidbrenner zum Opfer gefallen sind. Der Gang der Zeit hat nun einmal unwiderruflich einer bestimmten Epoche einen Schlußpunkt gesetzt. Je seltener die Dampflokomotiven auftraten, um so mehr wuchs die Zahl ihrer Freunde; eine an sich bekannte Erscheinung: nur Raritäten lenken in der Regel die Aufmerksamkeit der Betrachter auf sich. Auch wenn die klaren technischen und wirtschaftlichen Vorteile der modernen Elektro- und Dieseltraktion selbst dem eingefleischten Dampflokfreund nicht verborgen bleiben können, stellt die Dampflokomotive doch wohl die ausdruckskräftigste Kraftmaschine dar, die die Technik je hervorgebracht hatte!

Heute, in einer mit Sensationen verwöhnten Zeit, können wir bestimmt kaum mehr nachempfinden, was die Menschen im vergangenen Jahrhundert bewegte, wenn sie diesen ratternden, stampfenden und rauchenden Ungetümen begegneten. Doch etwas hiervon ist bis in unsere heutige Zeit geblieben: Auch in den letzten Tagen der bekanntesten deutschen Dampfschnellzuglokomotive, der Baureihe 001, scharten sich die Beschauer fast ehrfurchtsvoll an der »Schiefen Ebene«, der Steilrampe auf der Strecke Bamberg–Hof, um schon von weitem den tiefen Baß der mächtigen Ausstöße dieser Maschine bei der Bergfahrt zu erlauschen, bis diese sich, mit immer lauter werdendem Getöse, in das Bild der Begeisterten schob und ehrfurchtsgebietend mit ihrer schweren Zuglast sich die Steigung hochkämpfte! Vorbei ...

Weit über hundert Jahre währte die Herrschaft der Dampflokomotive konkurrenzlos auf der Schiene. Sie leitete eine rasche Entwicklung technischen Fortschritts ein und half damit jenes Fundament erstellen, auf dem unser heutiger Wohlstand basiert. Mit diesem Buch soll ihr ein Denkmal gesetzt werden. Im vorliegenden Werk versuchte der Verfasser, Betrieb und Unterhaltung jener letzten Dampflokomotiven im Bilde festzuhalten, die sich Anfang der 70er Jahre noch im Dienst befanden. Besonderer Wert wurde hierbei auf eine abwechslungsreiche, vielseitige Darstellung gelegt, die dem Betrachter diese mächtigen Maschinen nochmals in allen Einzelheiten nahebringen soll. Die gezeigten Lokomotiv- und Detailaufnahmen konnten in der gewünschten Form und Zusammenstellung nur aufgenommen werden, weil die Angehörigen der DB – vom Werkdirektor bis hin zum Drehscheibenwärter – den Verfasser in selbstloser Weise unterstützt hatten. Dies gilt besonders für das Bw Hof, stellvertretend für alle seien die Herren Fischer (Dvst.), Vogel (C-Grl.) und Rödel II (Lok-Ltg.) genannt. Weitere Unterstützung erteilten verschiedene andere Ämter der DB, insbesondere das AW Braunschweig, indem sie diverse Unterlagen zur Verfügung stellten. Schließlich fanden sich die Herren H. Thiele und J. B. Kronawitter bereit, den Verfasser im fotografischen bzw. technischen Bereich bei seinen Vorhaben tatkräftig zu unterstützen. Allen Beteiligten sei hier herzlichst gedankt.

Dank gebührt vor allem dem Verlag, der die Erstellung dieses Buches in so großzügiger Aufmachung erst ermöglichte und jetzt in 8. Auflage als Spezialausgabe herausgebracht hat.

Pullach bei München

Der Verfasser

(2.) Einführung

(2.1.) WERDEGANG DER DAMPFLOKOMOTIVE

Fragt man nach dem Geburtsjahr und dem Erbauer der ersten betriebstüchtigen Dampflokomotive, werden zumeist das Jahr 1829 und George Stephenson genannt. Die Idee, die Kraft des Dampfes zur Verrichtung von Arbeit zu nutzen, liegt jedoch viel weiter zurück. Durch genaueres Studium der physikalischen Vorgänge erfand Papin bereits im Jahre 1690 – also rund 40 Jahre nach dem Ende des Dreißigjährigen Krieges – die Dampfmaschine. Andere griffen später diese Erfindung auf und versuchten, sie auf eigene Weise zu realisieren. 1769 konnte man in Paris den ersten, von Cugnot erbauten Straßendampfwagen beobachten. Dieses plumpe Fahrzeug kam jedoch nicht aus dem Versuchsstadium heraus und geriet bald wieder in Vergessenheit. Auch die gleichartigen, 35 Jahre später durchgeführten Versuche von Evans in Philadelphia blieben ohne praktischen Nutzen.
Zur gleichen Zeit hatte man in England den Grundgedanken gefaßt, zwecks der besseren Führungs- und Reibungsverhältnisse solche Dampfwagen auf Schienen zu setzen. Der Engländer James Watt befaßte sich ausführlich mit dem Bau von Dampfmaschinen und darf als Erfinder der ersten betriebssicheren und nutzbaren Dampfmaschine angesehen werden. Damit war *auch* die Dampflokomotive geboren. Pionierarbeit leistete hierbei der Engländer Trevithik im Jahre 1804 mit dem Bau der ersten Dampflokomotive. In den folgenden vier Jahren erstellte er weitere zwei Maschinen. Ihnen war jedoch keine lange Zukunft beschieden; aufgrund ihres hohen Eigengewichts – bedingt durch eine noch unausgereifte, plumpe Konstruktion – wurden sie bald wieder aus dem Betrieb genommen. Die in jener Zeit verwendeten Schienen aus Gußeisen konnten noch keine so hohen Radsatzlasten aufnehmen.
Auch war man der Meinung, daß zur Erzeugung ordentlicher Zugkräfte die Reibung zwischen Rad und Schiene allein nicht ausreichen würde. Man sann nach vielen anderen Möglichkeiten, diesem Umstand abzuhelfen. So wurden u. a. Versuche mit aufgerauhten Schienen und Radreifen, dann mit Zahnradlokomotiven durchgeführt, ohne daß den vielseitigen Arbeiten ein Erfolg beschieden war.
Die Reibungsversuche von Blakett im Jahre 1813 brachten den Nachweis, daß auch bei glatten Schienen und Rädern genügend Zugkraft zu erreichen war. Kurz darauf baute Hedley unter diesen Voraussetzungen eine Lokomotive, die unter dem Namen „Puffing Billy“ bekannt wurde und von der heute ein Nachbau im Deutschen Museum in München zu sehen ist. Diese Maschine darf wohl als erste brauchbare Dampflokomotive betrachtet werden, sie blieb fast 50 Jahre lang in Betrieb.
Auch in Deutschland beschäftigte sich der in Berlin lebende J. F. Kriegar mit dem Bau von Dampflokomotiven und ließ 1816 in der Königlichen Eisengießerei zwei Maschinen nach englischem Vorbild erstellen. Sie bewährten sich jedoch nicht und wurden einige Jahre später in Schlesien verschrottet. Erst der Engländer George Stephenson, der sich als Bergwerksingenieur bereits seit 1814 mit der Konstruktion und dem Bau von Dampflokomotiven befaßt hatte, gab den Anstoß für weitere Fortschritte. 1823 wurde er leitender Ingenieur der Stockton-Darlington-Bahn, die zwei Jahre später als erste Eisenbahn der Welt den Betrieb aufnahm.
Hatten die ersten Stephenson'schen Lokomotiven nur ein großes, weites Flammrohr, d. h. praktisch nur einen Wassermantel um den Steh- und Langkessel, wandte er bei den späteren Maschinen die Erfindung des Franzosen Séguin an, indem er den Langkessel mit vielen kleinen Heizrohren durchzog und damit die Heizfläche bedeutend vergrößerte. Ein weiterer Vorteil ergab sich durch die Nutzung des Abdampfes, der in den Schornstein eingeleitet wurde und den Saugzug, und damit auch die Feueranfachung, verbesserte.
Den Wettbewerb der Manchester–Liverpool-Eisenbahn 1829 in Rainhill gewann Stephenson mit seiner Lokomotive „Rocket“ vor drei anderen Konkurrenten mit Abstand. Nur seine Lokomotive konnte die gestellten Bedingungen, das Dreifache des Eigengewichts mit einer Geschwindigkeit von 10 Meilen pro Stunde zu befördern, erfüllen. Sie erreichte bei ca. 4,5 t Eigengewicht eine Höchstgeschwindigkeit von 46,5 km/h.
Bis in unsere heutige Zeit blieben die Grundprinzipien der Stephenson'schen „Rocket“ erhalten, sie darf damit als Vorbild und Mutter aller Dampflokomotiven bezeichnet werden. Die elementaren Bestandteile, wie wasserumspülte Feuerbüchse (Stehkessel), ein mit Heizrohren durchzogener Langkessel, Feueranfachung durch Auspuffabdampf und Blasrohr, direkte Kraftübertragung der Antriebszylinder auf die Antriebsräder mittels Kurbeltrieb, abgefederten Rahmen etc., sind auch bei modernen Dampflokomotiven zu finden.
Nach den fehlgeschlagenen Versuchen von Kriegar befaßte sich in den darauffolgenden Jahren in Deutschland lange Zeit niemand mehr mit dem Bau von Dampflokomotiven, so daß bei der Eröffnung der ersten deutschen Eisenbahnlinie Nürnberg–Fürth im Jahre 1835 eine Stephenson-Lokomotive, genannt „Adler“, zum Einsatz kam. Die Leistungsfähigkeit und Betriebssicherheit dieser kleinen Maschine überzeugten auch die deutschen Techniker und gaben den Ansporn zum Bau eigener Lokomotiven. Bereits bei der Inbetriebnahme einer zweiten Bahnlinie 1836–39, der Verbindung Leipzig–Dresden, konnte eine deutsche Maschine zum Einsatz kommen. Prof. Schubert hatte sie nach amerikanischen

Vorbildern konstruiert und in der Maschinenfabrik Übigau bei Dresden 1838 bauen lassen. Sie ging unter dem Namen „Saxonia" in die Geschichte ein. Im gleichen Jahre gründete A. Koechlin in Mühlhausen im Elsaß die erste Lokomotivfabrik des europäischen Kontinents. Nach der Eröffnung der dritten Eisenbahnverbindung in Deutschland zwischen Berlin und Potsdam im Jahre 1839 begann eine rasche, unaufhaltsame Entwicklung des Eisenbahnwesens. Der Nachfrage entsprechend, nahmen mehrere Fabriken den Bau von Dampflokomotiven in Deutschland auf, Namen, die bis in unsere heutige Zeit bekannt geblieben sind: Borsig, Berlin 1841, H. Egestorff, Hannover 1846 (später Hanomag), Henschel, Kassel 1848 und A. von Maffei, München 1841. Auch wenn man wegen der späten Anfänge die deutschen Dampflokomotivhersteller gerne als „Nachzügler" bezeichnete und sich die Technik der ersten Maschinen eng an die englischen und amerikanischen Vorbilder anlehnte, kam man im Verlauf der weiteren Entwicklung doch zu eigenen Lösungen, die den Anforderungen der deutschen Bahnen besser entsprachen. Jahr für Jahr wurden durch das phantasiereiche Arbeiten profilierter Ingenieure weitere technische Verbesserungen erzielt, die das Leistungsvermögen der Maschinen ansteigen ließen und den Wirkungsgrad erhöhen halfen. Die damit verbundene Gewichtsanhebung brachte zwangsläufig die Notwendigkeit mit sich, die Lokomotiven mit zusätzlichen Achsen zu versehen, damit die vorgegebenen Radsatzlasten nicht überschritten wurden. So besaß die erste deutsche Dampflokomotive, die „Saxonia", zwei Treibachsen und eine Laufachse. Neben der notwendigen Lastverteilung dienten die Laufachsen, in Drehgestellanordnung oder seitenverschieblich eingebaut, der Verbesserung der Laufeigenschaften sowohl im höheren Geschwindigkeitsbereich als auch beim Durchfahren von Krümmungen. Bei der Entwicklung weiterer Neubauten lag das Bestreben zugrunde, den Brennstoff besser auszunutzen und den Dampfverbrauch zu verringern. So baute Stephenson im Jahre 1842 eine neue, leistungsfähigere Lokomotive, bei der einerseits die Dampfentfachung durch Verlängerung der Heizrohre (d. h. des Langkessels) und der damit verbundenen Vergrößerung der Heizfläche verbessert wurde und andererseits mittels Einbau einer Schiebersteuerung mit Schwinge der Dampfverbrauch drastisch gesenkt werden konnte.
Nach Stephenson erfand im Jahre 1849 auch der Deutsche Heusinger von Waldegg eine neue, verbesserte Steuerungsart, die später als Heusinger-Steuerung bekannt wurde und – mit wenigen Ausnahmen bei einigen Länderbahnlokomotiven – bei allen späteren deutschen Dampflokomotiven Verwendung fand.
Die Anforderung der verschiedenen Zugarten an Höchstgeschwindigkeit und Zugkraft leitete bald eine getrennte Entwicklung für Schnell- und Güterzuglokomotiven ein. Bei den ersteren versuchte man durch möglichst große Ausführung der Treibräder, bei zumeist nur einer Treibachse, hohe Geschwindigkeiten zu erreichen, die letzteren sollten durch viele Treibachsen eine große Reibungslast und damit eine hohe Zugkraft entfalten.
Eine weitere Verbesserung der Zugkraft konnte durch Anhebung der Dampfdrücke erreicht werden. Dieser Vorgang führte auch bald zur Erkenntnis, daß es bestimmte Vorteile bringen konnte, wenn man den Dampf in zwei Stufen entspannt, d. h. diesen erst einem Hoch-, dann einem Niederdruckzylinder zuführt. Der Schweizer A. Mallet baute 1876 die erste zweizylindrige Lokomotive nach diesem Verfahren; der Typ wurde Verbundlokomotive benannt. 10 Jahre später griff A. de Glehn in Frankreich diese Idee ebenfalls auf und ließ die ersten Vierzylinder-Verbundlok erstellen. Gerade in Frankreich wurde diesem Dampfloktyp ein halbes Jahrhundert später die letzte technische Vollkommenheit zuteil. Ein unermüdlicher Förderer des Verbundprinzips in Deutschland war A. v. Borries, ehemaliger Obermaschinenmeister der Hannoverschen Staatsbahn und später Fahrzeugdezernent der K. E. D.-Hannover. Er kämpfte seit 1880 verbissen um die Einführung der Verbundlok und kam so in spätere Gegnerschaft zum Heißdampfverfechter R. Garbe.
Alle die nun geschilderten Prinzipien und Bauweisen behielten für spätere Entwicklungen Gültigkeit. Weitere Änderungen bestanden nur noch in der Verfeinerung der einzelnen Funktionsweisen und Konstruktionsteile, einer zusätzlichen Verbesserung der mechanischen und wärmewirtschaftlichen Eigenschaften sowie der Verschiebung des Leistungsniveaus nach oben. Im wärmewirtschaftlichen Bereich brachte die Dampfüberhitzung einen wesentlichen Leistungszuwachs und eine Verbesserung des Gesamtwirkungsgrades. W. Schmidt erarbeitete im Jahre 1898 die hierzu notwendigen Grundlagen, die nach den Versuchen R. Garbes vom Flammrohrüberhitzer über den Rauchkammerüberhitzer zum Rauchrohrüberhitzer führten. Betrachtet man das i,s-Diagramm für Wasserdampf, lassen sich leicht die Vorteile von überhitztem Dampf bei der Größenbestimmung der möglichen technischen Arbeit erkennen. Seit jener Zeit unterschied man somit die herkömmlichen Naß- von den neuen Heißdampflokomotiven. Im Zuge dieser Bemühungen führte man auch die Speisewasservorwärmung ein, bei der der Abdampf noch einmal zur Erwärmung des Kesselspeisewassers genutzt wird.
Im mechanischen Bereich sind die frühzeitigen amerikanischen Erfindungen des zweiachsigen Laufdrehgestells und des einachsigen Bisselgestells erwähnenswert. Weitere Pionierarbeit auf diesem Gebiet leistete 1888 der Deutsche A. v. Helmholtz mit dem gleichnamigen Lauf-Kuppelachsdrehgestell. Diese Erfindungen trugen dazu bei, die Fahrsicherheit der Lokomotiven durch Einbau solcher Laufachsen bzw. Drehgestelle im höheren Geschwindigkeitsbereich zu erhöhen und durch weniger problemloses Durchfahren von Gleisbögen, Schienen und Oberbau nicht unnötig zu belasten. Eine weitere Verbesserung der Laufeigenschaften gerade der mehrfach gekuppelten Dampflokomotiven brachte

1900 die Erfindung von K. Gölsdorf, eines österreichischen Lokomotivingenieurs, bestimmte Treibachsen seitenverschiebbar anzuordnen. Die Zusammenfassung all dieser Neuerungen erlaubte den Bau von vier- und fünffach gekuppelten Maschinen, die besonders im Güterzugdienst aufgrund der angestiegenen Zuglasten notwendig geworden waren.

Verfügte man in den ersten Jahrzehnten der Dampflokomotiven nur über wenige Typen, so entwickelten sich, orientiert nach den verschiedenen Aufgaben und Einsatzgebieten, Schnell-, Personen- und Güterzuglokomotiven. Da die Lokomotiven mit Schlepptendern für Rückwärtsfahrt schlecht geeignet waren und man für Kurzstreckenverkehr, Neben- und Stichbahnen entsprechende Lokomotiven benötigte, baute man sogenannte Tenderlokomotiven, die ihre Vorräte an Wasser und Kohle direkt auf der Maschine mitführten und in beiden Fahrtrichtungen meist gleich gut zu bewegen waren. Dies ließ eine Drehscheibe an den Wendepunkten entbehrlich werden. – Die unterschiedlichen geographischen Bedingungen in Deutschland, die neben den Flachland- auch Mittelgebirgs- und Steilstrecken notwendig machten, führten zum Bau weiterer Varianten bis hin zur Zahnradlokomotive.

Leistung, Zugkraft und Geschwindigkeit lauteten die Schlagworte des Lokomotivbaues, der besonders zu Beginn dieses Jahrhunderts einen ungeahnten Aufschwung nahm und ständig neue Rekorde lieferte. Auch den deutschen Lokomotivkonstrukteuren und -erbauern wurde oft ein beachtlicher Erfolg beschieden. Im Jahre 1907 erreichte die bayerische S 2/6 einen sensationellen Geschwindigkeitsrekord von 157 km/h!

(2.2.) DIE GROSSE ZEIT DER DAMPFLOKOMOTIVEN IN DEUTSCHLAND

Im Gegensatz zur einheitlichen Anwendung der Stephenson'schen Grundprinzipien bauten die verschiedenen Hersteller in der technischen Ausführung oft auch von einander abweichende Lokomotiven. Auch nach der Gründung des Deutschen Reiches im Jahre 1871 gab es neben den neuen Staatsbahnen noch unzählige Privatbahnen, die ohne den Gedanken der Standardisierung und Vereinheitlichung ihre Lokomotiven nach eigenem Gutdünken konstruieren und bauen ließen. Dazu kam noch die fehlplazierte Verhaltensweise der Lokomotivhersteller, die wohl aus falsch verstandenem Konkurrenzdenken ihre eigenen Konstruktionen vertraten und nicht im geringsten an eine Vereinheitlichung der wichtigsten Bauelemente dachten.

Vorbild auch im allgemeinen Bereich staatlicher Ordnung, begann nach der Reichsgründung 1871 zuerst Preußen mit der Einteilung des vorhandenen Maschinenparks in verschiedene, der Einsatzart entsprechende Lokomotivgattungen und erstellte zugleich einheitliche Richtlinien für den Bau zukünftiger Maschinen, die als „Preußische Normalien" in die Lokomotivbaugeschichte eingingen. Die ersten zwei sogenannten „Normallokomotiven" für den Personen- und Güterzugverkehr (Achsfolge 1'B und C) erschienen 1877, weitere elf Bauarten folgten einige Jahre später. Bei all jenen Maschinen war es bereits gelungen, bestimmte Teile des Triebwerkes, des Kessels, der Kesselausrüstung und der Verschleißteile aufeinander abzustimmen und somit tauschbar zu gestalten. Neu war dieses Prinzip der Typisierung und Normalisierung nicht. Bereits vor und nach der Jahrhundertwende befaßten sich englische Bahnen damit und praktizierten dies auch teilweise bei ihren Lokbeschaffungen. Auch nordamerikanische Lokfabriken führten solche Richtlinien bei ihren Angeboten durch, indem sie, u. a. nach Leistung und Achsdruck unterteilt, Lokbauserien vorplanten, die in der Detailkonstruktion etwa nach Baukastensystem bereits eine gewisse Typisierung und Normalisierung aufwiesen. Der Besteller konnte sich somit den gewünschten Typ selbst aussuchen, und durch diese Vorplanung verkürzten sich auch die Lieferzeiten. Schließlich lag auch der Beschaffung der S 2/5 und S 3/5-Lok der Bayerischen Staatsbahn um 1903 schon das Prinzip der Typisierung zugrunde, da viele Bauteile beider Lokgattungen miteinander übereinstimmten. Aber Typisierung und Normalisierung dürfen nicht übertrieben werden, sonst wird das Prinzip zur Fessel, welche die Entwicklung von Hochleistungsloks beeinträchtigt. Bei der DRG (Deutsche Reichsbahn-Gesellschaft) der 20er und 30er Jahre scheint man dies, beeinflußt von R. P. Wagner, leider übersehen zu haben; der goldene Mittelweg wäre richtiger gewesen!

Obwohl sich der Mangel an einheitlichen Baurichtlinien im Kriege 1870/71 sehr nachteilig auf den Militäreisenbahnbetrieb auswirkte, zog man in der Folge bei den damaligen deutschen Länderbahnen nicht die entsprechenden Konsequenzen. Jede dieser Bahnen konstruierte und baute nach eigenem Belieben weiter, und wer damals durch die deutsche Groß- und Kleinstaaterei reiste und sich für Lokomotiven interessierte, sah ein buntes Kaleidoskop von Lokomotivtypen. Manche waren gut gelungen, andere weniger gut oder gar mißlungen. Im Prinzip blieb das auch bei den Neuerungen so. Mit solch einem vielgestaltigen, uneinheitlichen Lokpark zog man dann auch in den 1. Weltkrieg. Natürlich machte man, so wie 1870/71, wieder schlechte Erfahrungen, diesmal in noch größerem Ausmaß. Der Ruf nach einer einheitlichen Kriegslok kam schon 1916/17, die Verwirklichung aber zu spät. Für den Leser sicher interessant ist ein kurzer Bewertungsüberblick über die damaligen einzelnen Länderlok-Bauarten: Bei den Preußischen Staatsbahnen bewährten sich gut und ohne Einschränkungen die S3, S5, S10^{1}, P4^{2}, P8, G7$^{1-2}$, G8, G8^{1}, G10, T3, T12, T13, T16 und T18. Bedingt gut, d. h. mit Einschränkungen, die S6, S9, P6, P10, G12, T9^{3}, T14 und T20. In Bayern waren, auf ihre Zeit bezogen, gut die B V/B VI, B IX, B XI^{Vb} (Verbund), S 3/5^{H}, S 3/6, P 2/4 (Einzelgänger), P 3/5^{H}, C III/C IV, C VI,

G 3/4^{H}, Pt 2/3, PtL 2/2, D XII/Pt 2/5, D IV, D XI, PtL 3/4, GtL 4/4 und R 3/3, die übrigen waren nur bedingt gut und mit Einschränkungen zu bewerten. Bei den Württembergischen Staatsbahnen bewährten sich die Lok der Klassen AD^{H}, C, Fc, K, T 3, T 5 und Tn. In Baden sind die Serien II^{c}, II^{d}, IVe, VI^{b}, VI^{c} als gut zu bezeichnen. Bei den Reichseisenbahnen Elsaß-Lothringen waren von den Eigenbauten die S 9 und P 7 beliebt, bei den Pfalzbahnen die P 4 und P 5, jedoch nur bedingt die G 5 und T 5. In Sachsen bekamen das Prädikat gut die Vv, VIIIv, XII h2, XIV hT und XI hT, als reine Flachlandlok noch die XVIII h und bedingt auch noch die XX hv. Bei den Oldenburgischen und Mecklenburgischen Staatsbahnen sind gut gelungene Eigenbauten nicht bekannt geworden.

Zwar verbesserten die Maßnahmen der preußischen Normalien die Betriebshaltung, konnten jedoch keine nennenswerten Erfolge auf breiter Ebene bringen, da sowohl alle Lokomotivhersteller als auch die benachbarten Bahnverwaltungen diese Musterblätter zunächst entweder kaum oder gar nicht beachteten.

Die mit dem Ende des ersten Weltkrieges verbundenen politischen Veränderungen brachten den Zusammenschluß der ehemaligen Länderbahnen zu den Deutschen Reichseisenbahnen, ab 1920 Deutsche Reichsbahn bzw. zur Deutschen Reichsbahn-Gesellschaft. Das übernommene Erbe bestand aus über 350 verschiedenen Dampflokomotivtypen, die nun neu zu ordnen und einzuteilen waren. Durch Kriegsverluste, Reparationsabgaben und hohen Reparaturstand war der Einsatzbestand nach 1918/19 äußerst geschwächt. Es mußte schnell etwas geschehen. Zunächst dachte man daran, die bewährten Lok der ehemaligen Länderbahnen im Original weiterzubauen, z. B. S 10^{1}, S 3/6, XX hv, P 8, XII h2, P 3/5^{H}, P 10, G 8^{2}, G 10, G 12, G 3/4^{H}, K, Pt 2/3, Pt 3/6, T 5, VI^{c}, XIV hT, T 18, R 3/3, T 13, T 16 und T 14. Dann schränkte man diese Typenzahl ein und wollte die noch vorgesehenen Lokreihen mit vereinheitlichten und genormten Detailbauteilen weiterbauen, wie S 10^{1}, XX hv, P 8, P 10, G 8^{2}, G 10, G 12, VI^{c}, T 18, T 14, R 3/3, T 16 und T 20. Auch davon kam man ab und einigte sich auf die Schaffung vollkommen neuer Entwürfe als sogenannte Einheitslokomotiven. Dazu wurden verschiedene Typenpläne aufgestellt, abgeändert und ergänzt.

Für die Beschaffung zukünftiger Lokomotiven rief nun das zuständige neue Reichsverkehrsministerium einen Ausschuß ins Leben, in dem Fachleute von der Betriebs- und der Herstellerseite vertreten waren. Es galt vor allem, die technischen Voraussetzungen zu schaffen, die für die Entwicklung und Typisierung neuer Dampflokomotiven von maßgebender Bedeutung waren. Die Konsequenz dieser Bemühungen führte zur Schaffung eines „Vereinheitlichungsbüros“, dem nun die Aufgabe zufiel, nicht nur Richtlinien, sondern auch komplette, baureife Konstruktionsvorschläge für neue Lokomotiven vorzulegen. Als Ergebnis dieser Bemühungen entstand der endgültige 1. Typisierungsplan, der rund 22 neue Dampflokomotivbaureihen mit Achsdrücken von 20 und 15 Mp vorsah. Von 15 dieser Baureihen wurde jeweils eine Vorserie zur Erprobung beschafft. Schon während dieses Erprobungszeitraumes zeigte sich, daß im Verlaufe der weiteren Entwicklung des Eisenbahnverkehrs durch Anhebung der Geschwindigkeiten, Vergrößerungen der Zuglasten, aber auch den nicht zügig voranschreitenden Ausbau der noch nicht für 20 Mp Achslast zugelassenen Strecken, weitere Baureihen mit 17 und 18 Mp Achsdruck notwendig wurden. Im Rahmen des daraufhin erweiterten Typisierungsplanes, der nun rund 38 verschiedene Baureihen umfaßte, folgten weitere Schnell-, Personen- und Güterzuglokomotiven, die den genannten neuen Bedingungen gerecht wurden. Sie trugen fortan die Bezeichnung „Einheitslokomotive 1925“.

Ohne Zweifel begann in jenen Jahren auch in Deutschland die Blütezeit der Dampflokomotive. Obwohl die Elektrotraktion im Kommen begriffen war und bei dieser bereits deutliche Vorteile sichtbar wurden (z. B. bei den Lokomotiven der Baureihe E 16 und später 17, 18, 44 und 94 etc.) erfuhr die Dampflokomotive noch einmal einen ungeahnten Aufschwung. Die Forderung nach schnelleren Zugverbindungen zwischen den Großstädten des Reiches, die 1934 allgemein durchgeführten Fahrplanverbesserungen und die schon sich langsam abzeichnende Konkurrenz von Elektrolok und Dieseltriebwagen führten zum Bau weiterer Lokomotiven, die in bezug auf Leistung und Höchstgeschwindigkeit das bisher Dagewesene weit übertrafen.

Schon Anfang der Dreißiger Jahre begann man bei Borsig die Versuche mit Stromlinienlokomotiven, bei denen zwei Maschinen der vorhandenen Baureihe 03 (154 und 193) eine provisorische Teilverkleidung erhielten. Diese ersten Versuche erfüllten nicht nur alle in sie gesetzten Erwartungen, sondern führten zum Bau der ersten richtigen Stromlinienlokomotiven 05 001 und 002. – Die Lok 05 003 war zeitweise eine vollverkleidete Dampflok mit vornliegendem Führerstand. Es wurden Versuche mit Steinkohlenstaub-Feuerung gefahren.

Auch wenn Robert Garbe noch im Jahre 1920 in seinem Buch „Dampflokomotiven der Gegenwart“ über die Zulässigkeit von Fahrgeschwindigkeiten sinngemäß schrieb, daß im allgemeinen Geschwindigkeitstaumel kein Fachmann es wagen könnte, neben einer wohlvorbereiteten und auf einer speziell hergerichteten Versuchsstrecke auch im Regelverkehr Höchstgeschwindigkeiten von 150 km/h zu fahren, lehrten die inzwischen gemachten Erfahrungen Besseres. Obwohl im Jahre 1935 bei der Reichsbahn die Höchstgeschwindigkeit für Dampflokomotiven 120 km/h betrug, wurde bereits ein Jahr später mit der schon erwähnten BR 05 der Geschwindigkeitsweltrekord für Dampflokomotiven aufgestellt: 200,4 km/h! Zwar waren für so hohe Geschwindigkeiten nur wenige Streckenabschnitte geeignet und damit in der Praxis nur selten realisierbar, sie dienten jedoch der Beweisführung, daß so-

wohl maschinentechnisch als auch streckenseitig eine Anhebung der Zuggeschwindigkeiten vor allem im Fernverkehr auf 140 km/h und mehr durchaus möglich war.
Da die Baureihe 05 zwar ein Paradepferd darstellte, jedoch aufgrund ihrer Größe und ihres Leistungsbildes für einen Regelverkehr weniger geeignet war, gesellte man zu den bereits vorhandenen Baureihen 01 und 03 zwei Schwestertypen, die jedoch in Dreizylinderbauweise ausgeführt und mit einer Vollverkleidung versehen wurden (Baureihe 01.10 und 03.10). Bei Versuchsfahrten konnte nachgewiesen werden, daß bei 140 km/h Geschwindigkeit die Zughakenleistung einer unverkleideten 03 rund 800 PS, die der verkleideten Schwestertype jedoch 1200 PS betrug. Einerseits läßt sich somit leicht vorstellen, welche Einsparungen an Brennstoff damit getroffen werden konnten, andererseits darf aber nicht vergessen werden, daß die Vollverkleidung, die nur das Triebwerk aussparte, Pflege und Unterhalt sehr erschwerte.
Neben diesen Schlepptendermaschinen wurden auch einige Tenderlokomotiven mit Stromlinienverkleidung gebaut, die – zusammen mit speziellen Schnellzugwagen der Firma Wegmann – dem Schnellverkehr zwischen Berlin und Dresden dienten: 61 001 und 61 002.
Den Hauptteil im Beschaffungsprogramm der Deutschen Reichsbahn nahmen jedoch die Personen- und Güterzuglokomotiven ein, welche die bereits zur Ausmusterung fälligen Länderbahnlokomotiven ersetzen mußten, jedoch vor allem aber durch die Anwendung der neuen Konzeption (Vereinheitlichung und Tauschbarkeit) die Gesamtwirtschaftlichkeit der Bahn wesentlich verbesserten.
Da einerseits die neuen Einheitslokomotiven noch Kinderkrankheiten durchzumachen hatten, aus Geldmangel der Neubau dieser Lok und der Streckenausbau für höhere Achsdrücke nur zögernd voranging, andererseits der Betrieb nach Lokomotiven verlangte, wurden auch weiterhin bis in die dreißiger Jahre noch Länderbahnlokomotiven beschafft. So die P8, P10, $G8^2$, G10, $T14^1$, $T16^1$, T18, T20, VI^c, I^g, XII h2, K, Hz, S3/6, GtL4/4, GtL 4/5, (98^{10}), R3/3 und R4/4. Zu dieser Zeit wurden auch Umbauten von Länderbahnlok vorgenommen, z. B. Gt 2 × 4/4 (96^0), GtL $4/5^u$ (98^{11}) und G 8^{1u} (56^{2-8}). Weitere geplante Umbauten wurden nicht mehr durchgeführt.
Will man aus der Sicht des internationalen Dampflokomotivbaues die aus dem Typenprogramm „Einheitslokomotive 1925“ entstandenen Maschinen beurteilen, kann nicht darauf verzichtet werden, auch die Hintergründe dieser Entwicklung etwas zu beleuchten.
Es ist verständlich, daß nach dem Zusammenschluß der Länderbahnen zur Deutschen Reichsbahn-Gesellschaft Einfachheit, Robustheit, leichte Wartung, absolute Betriebssicherheit und niedrige Unterhaltungskosten für die Gesamtwirtschaftlichkeit einer Lokomotive von maßgeblicher Bedeutung waren. Diese Forderungen verwiesen eindeutig auf die einfache Dampfdehnung und schlossen dabei von vorneherein die Verbundbauweise aus, die von Maffei bereits mit der Schnellzuglokomotive S 3/6 in beispielhafter Weise zuvor realisiert worden war. Allerdings gebietet die objektive Betrachtung zu bemerken, daß in der Beurteilung der Frage, ob einstufige oder mehrstufige Dampfdehnung und der zwingenden Schaffung von Hochleistungskesseln für die schweren Reisezug- und Güterzuglokomotiven, seitens des Konstruktions- und Versuchsdezernats des RZM-Berlin, nicht immer streng sachlich versucht, geprüft und entschieden wurde! Auch scheint im Lokausschuß die Meinungsbildung zu den „Empfehlungen“ oft oberflächlich, zu wenig tiefschürfend und „zu sehr abhängig“ erarbeitet worden zu sein. Ebenso hat es den Anschein, daß das „VB“ (Vereinheitlichungsbüro) und selbst die Konstruktionsbüros der Lokfabriken ihre Ansichten und Einwände zu wenig energisch vertraten. Damit war es für die entscheidungsverpflichteten Instanzen der Hauptverwaltung nicht leicht gemacht, richtig und zukunftssicher die Marschrouten für die weitere Entwicklung im Lokbau festzulegen. Dazu kam noch eine dünkelhafte voreingenommene Mißachtung und Ablehnung der Leistungen der internationalen Lokbautechnik und deren Fortschritte. Statt diese kritisch zu analysieren, daraus zu lernen und Bewährtes zu übernehmen, verrannte man sich zeitvergeudend und geldverschwendend in Sackgassen. Bei aller Anerkennung des gezeigten Fleißes und auch der Leistungen kann man nicht umhin, dem damals verantwortlichen Bauartdezernenten R. P. Wagner (analog seinem Vorgänger R. Garbe) eine höchst sture Eigenwilligkeit vorzuhalten, die sich nachteilig auf den Entwicklungs- und Leistungsstand der Dampfloktechnik der DRG der zwanziger und dreißiger Jahre auswirkte und, international gesehen, das deutsche Ansehen beeinträchtigte. Schützenhilfe leistete ihm dabei, teils ungewollt, der in seinen Ansichten schwankende Versuchsdezernent Prof. Dr. H. Nordmann, der sich, wenn notwendig, gegen Wagner nicht durchzusetzen vermochte. Es scheint hier schon eine gewisse historische Tragik auf dem deutschen Lokomotivbau zu lasten, die sich leider auch noch später bis auf die Zeit nach dem 2. Weltkrieg erstreckte! –
Wesentlich beeinflußt wurde das Leistungsbild der gebauten Lokomotiven durch die nicht konsequente Entwicklung der Dampfdrücke. Anstelle einer im Zusammenhang mit der Entwicklung neuer Kesselbaustähle stehenden Anhebung des zulässigen Kesseldruckes von 16 über 18 auf 20 Atmosphären versuchte man, sofort mit 60 (H 17206) und 120 (H 021001) atü Hochdruck-, dann mit 25 atü Mitteldrucklokomotiven (BR 04 001 und 002, später 02 101 und 102 Krupp 1932, BR 24 069 und 070 Borsig 1931, BR 44 011 und 012 Henschel 1932) Fortschritte und Leistungssteigerungen zu erzielen. Während die Hochdrucklokomotiven nie über das erste Versuchsstadium hinauskamen, konnten auch die Mitteldrucklokomotiven im Betrieb nicht befriedigen

und wurden später wieder in die Normalausführung zurückversetzt oder ausgemustert. Dauernd auftretende Kesselschäden und vorzeitige Verschleißerscheinungen erzwangen immer wieder längere Reparatur-Stehzeiten, die den Betrieb unwirtschaftlich machten und die erzielten Brennstoffersparnisse bedeutungslos werden ließen. Ähnliche Mißerfolge ergaben sich auch beim Bau und den Versuchen mit Dampfturbinenlokomotiven der Firmen Krupp (T 18 1001), Maffei (T 18 1002) und Henschel (T 38 3255 besaß einen Abdampf-Turbinen-Triebtender).

So konnte weder die Verbundlokomotive, für die in der S 3/6 und bei der SNCF eine gute Ausgangsbasis vorhanden war, weiterentwickelt werden, noch so leistungsfähige Zweizylindermaschinen mit einfacher Dampfdehnung, wie sie u. a. in England, Amerika und der Tschechoslowakei bekannt waren, geschaffen werden. Ebenso unterblieb die Verbesserung der in der Dampfleistung trägen Großkessel ohne genügende Leistungsreserve für die großen Einheitslok, u. a. auch Verkennung der Bedeutung ausreichender Strahlungsheizfläche durch Ausbildung der Verbrennungskammer, möglichst tiefer Rostlage und genügender, stauungsfreier Luftzufuhr. Offen blieben auch Verbesserung der Überhitzung, neuzeitliche Speisewasserpflege, fortschrittliche Technologie der Kesselbaustoffe, Verbesserung der inneren Steuerung, möglichst drossel- und verlustfreier Dampfdurchsatz vom Regler bis zur bestmöglichen Saugzuganlage und Schaffung hochwertiger und hochbelastbarer Werk- und Schmierstoffe.

Bestimmt wäre es auch der Deutschen Lokomotivtechnik der DR und DB sowie der Lokindustrie vergönnt gewesen, so fähige Fachleute hervorzubringen, wie z. B. Churchward und Collet, Fowler und Stanier, Gresley und Maunsell in Großbritannien oder wie du Bousquet, de Glehn und A. Chapelon in Frankreich oder Kiefer, Muhlfeld und Lipetz u. a. in Nordamerika. Gewiß gab es befähigte Zeitgenossen oder vielversprechenden Nachwuchs. Woran lag es, daß sie nicht hochkamen? Nun, vielleicht an der damaligen Berufs- und Gesellschaftsstruktur, der Bürokratie, dem jeweiligen Zeitgeist oder ganz speziellen deutschen Wesensmerkmalen? – Für die Dampflokleute ist diese Frage nun ausgestanden; für die E-Lok-, Diesellok- und Turbinenlokleute sowie für die Vertreter der kommenden Traktionsarten, der Hochleistungsschnellbahntechnik, sind diese Umstände immer noch problematisch! –

Abgesehen von dem Geschwindigkeitsrekord der Baureihe 05, der später von der britischen LNER A 4-Mallard Nr. 60022 geringfügig verbessert wurde, konnten die Dampflokomotiven der Reichsbahn im Vergleich mit entsprechenden ausländischen Maschinen keine besonderen Erfolge oder Eigenschaften verzeichnen. Trotzdem muß gesagt werden, daß die Einheitslokomotiven an sich bewährte Maschinen darstellten, die ihren Betrieb bei Normalbeanspruchung zuverlässig versahen und die Forderungen an Einfachheit, geringen Wartungsaufwand und Robustheit zur Zufriedenheit erfüllten. Die kritische Gesamtbewertung der „Einheitslokomotive 1925" würde etwa wie folgt ausfallen: Als relativ am besten gelungen könnte angesehen werden die BR 23alt (leider nur 2 Stück!), BR 24, BR 50 und BR 64. Hätte die BR 04/BR 02^1 einen besseren Kessel bekommen, wäre sie thermisch und triebwerksmäßig eine Spitzenmaschine geworden. Als gewissermaßen mißlungen sind die Baureihen 02^0 (verpfuschtes 4-Zylinder-Heißdampf-Verbund-Triebwerk), 71 und 84 003 und 004 sowie 87 001–016 (mit Luttermöller-Endachsantrieb) anzusehen. Dazwischen reiht sich die Masse der übrigen Lokgattungen, im großen und ganzen als mehr oder weniger zufriedenstellend zu qualifizieren. Jede dieser Gattungen hatte irgendwelche oder mehrere „schwache Stellen", abhängig auch vom betrieblichen und geographisch-regionalen Einsatz und auch von der Qualität des örtlichen Fahr- und Werkstättenpersonals. Ihre oft unterschiedliche Beurteilung ist auch ein Kriterium für die zeitgleiche Gesamtsituation der DRG. Natürlich war man bemüht, die Mängel zu beseitigen. Den laufend erhöhten Ansprüchen waren sie aber nur zum Teil und mit Mühen gewachsen. Was dem Betrieb damals und auch später sehr fehlte, war eine nach neuzeitlichen Baugrundsätzen konzipierte 1'D 1'-Schnellzuglokomotive, möglichst als einfacher Zwilling und mit einem Treibraddurchmesser von etwa 1870 mm und der dritten Kuppelachse als Treibachse. Projektierung, Konstruktion und Bau dieser Lok hätten aber bahn- und firmenseitig auch wirklich in die besten Hände gelegt werden müssen! – Wegen der damals immer noch im Raum stehenden Streitfrage ob Zwilling, Drilling oder Vierbund, hätten mindestens je 3 Stück entsprechende Varianten gebaut werden und dann im Betrieb und Versuch einer ebenso harten wie objektiven Prüfung unterzogen werden müssen. Wegen ihres Mehrzweckcharakters für Flach- und Hügelland wäre diese Lokbauart für den Klärungszweck gut geeignet gewesen.

Einige Lokomotiven der Baureihe 01.10 (jetzt 012) versehen auch heute noch bei der DB schweren Schnellzugdienst. Von der wärmewirtschaftlich und laufmäßig bestens gelungenen Baureihe 23alt konnten aufgrund der Kriegsgeschehnisse nur zwei Maschinen gebaut werden. Die Baureihe 50, mit dem gleichen Kessel ausgerüstet, stellt die meist gebaute Einheitslokomotive dar und kann gerade in den letzten Tagen der im Auslaufen begriffenen Dampftraktion, ähnlich wie vorher die P 8, als „Mädchen für alles" bezeichnet werden. Ihre Anspruchslosigkeit und die universelle Einsatzmöglichkeit sind beispielhaft und ließen lange Zeit selbst noch einen Vergleich mit den neuen Diesellokomotiven zu.

(2.3.) LETZTE NEUENTWICKLUNGEN NACH DEM 2. WELTKRIEG

Der 2. Weltkrieg unterbrach die Entwicklung von Dampflokomotiven in Deutschland um mehr als zehn Jahre. In den ersten fünf Nachkriegsjahren konnten – aufgrund eines von den alliierten Besatzungsmächten erlassenen Lokomotivbauverbots – die verbliebenen Lokomotivfabriken nur noch vorher bereits begonnene Maschinen vollenden oder den total überlasteten Ausbesserungswerken bei der Wiederinstandsetzung und Ausbesserung kriegsbeschädigter oder sonst betriebsuntüchtiger Lokomotiven helfen. Im Jahre 1950, nach Aufhebung dieses Bauverbots, begann man mit der Konzipierung neuer Dampflokomotiven und stellte unter Mitwirkung der westdeutschen Lokomotivfirmen, des „Fachausschusses Lokomotiven“ und Dezernenten der DB ein Neubauprogramm für insgesamt sieben Baureihen auf. Von diesem neuen Typenprogramm wurden später jedoch nur fünf Baureihen in nicht allzu großer Zahl erstellt. Elektro- und Dieseltraktion gewannen im In- und Ausland immer mehr an Bedeutung und ließen auch die überzeugten Vertreter der Dampflokomotive erkennen, daß das Ende der Dampftraktion nur noch eine Frage der Zeit sein würde.

Da die technische Entwicklung auf dem Gebiet der Dampflokomotive stark fortgeschritten war, entschloß man sich, die geplanten Neubauten nicht auf der Basis der „Einheitslokomotive 1925“, sondern nach neuen, dem eingesetzten Fortschritt gerecht werdenden Grundsätze zu bauen. Ausgangspunkt für die Gesamtplanung war – neben den Forderungen an Leistung und Geschwindigkeit – wiederum die Frage der Gesamtwirtschaftlichkeit. Mit Hilfe neuzeitlicher Fertigungsmethoden, wie weitgehende Schweißung von Rahmen und Kessel und Verwendung von Wälzlagern, sollten Betrieb und Unterhaltung vereinfacht und damit wirtschaftlicher gestaltet werden. Weitere Änderungen am Lokomotivkessel, so Einbau einer Verbrennungskammer zur Vergrößerung der Strahlungsheizfläche der Feuerbüchse, Verwendung des neuen Heißdampfreglers, Vollisolierung des Kessels und Einsatz des neuen Mischvorwärmers anstelle des üblichen Oberflächenvorwärmers sowie Verbesserung der Saugzuganlage sorgten für eine erhebliche Verbesserung der Wärmewirtschaft und hoben damit den Gesamtwirkungsgrad merklich an. Spürbare Erleichterung für das Personal brachte die moderne Ausführung der Führerhäuser, die mit großem Oberlicht, besserer Belüftungseinrichtung und sogar Fußbodenheizung versehen waren. Die Armaturen wurden in einem Bedienungspult zusammengefaßt und alle Bedienungs- und Steuerungseinrichtungen so angeordnet, daß sie für das Personal im Sitzen bequem zu erreichen waren.

Entsprachen diese letzten Neuentwicklungen modernsten Bauprinzipien, so konnten sie doch nicht alle im Betrieb befriedigen. Die nur in zwei Exemplaren vertretenen und an sich sehr leistungsfähigen Schnellzuglokomotiven der Baureihe 10 verlangten ganz besondere Pflege und ausgesuchtes Personal, um die für den Umlaufplan notwendige Betriebsbereitschaft erhalten zu können. Die mit 105 Maschinen vertretene Baureihe 23 darf zwar als zufriedenstellende Neukonstruktion angesehen werden, doch führten hier sowohl der Heißdampfregler als auch der nicht ausreichend vorgenommene Massenausgleich immer wieder zu Ausfällen und unruhigem Lauf. So wurden später wieder einigen Lokomotiven Naßdampfregler eingebaut.

Die Baureihe 65 war an sich bei ihrer Einführung schon als überholt anzusehen, da sie mit der nur auf 85 km/h begrenzten Höchstgeschwindigkeit im Personenzugdienst weder mit der um fast 40 Jahre älteren T 18 (BR 78) noch mit der später gebauten Diesellokomotive V 100 konkurrieren konnte. Für einen ihrer Leistung entsprechenden Güterzugeinsatz reichte ihr Aktionsradius als Tenderlokomotive nicht aus, und den Dienst auf Nebenbahnen ließ ihre Achslast von 17 Mp nur beschränkt zu. Somit blieb es bei nur 18 Maschinen, für die eigentlich nie eine befriedigende Einsatzform gefunden werden konnte.

Die nur zwei Maschinen umfassende Baureihe 66 kann als hervorragend gelungen gelten und wohl als beste deutsche Nachkriegsentwicklung bezeichnet werden. Aufgrund des beispielhaft ruhigen Laufverhaltens selbst bei 100 km/h – bedingt durch den vorzüglichen Massenausgleich – und des günstigen Brennstoffverbrauchs wäre dieser Baureihe bestimmt noch eine große Zukunft beschieden worden, wenn sich Elektro- und Dieseltraktion nicht so rasch entfaltet hätten.

Als Ersatz der Baureihe 94 (T 16^{1}) war die Baureihe 82 vorgesehen und mit 41 Maschinen beschafft worden. Sie war die erste der Neubautypen, die bereits ab 5.9.1950 zur Auslieferung gelangten. Obwohl diese Maschinen eine beachtliche Leistung aufwiesen und neben dem schweren Verschiebedienst zuweilen auch im Personenzugdienst eingesetzt wurden, konnten sie keine außergewöhnlichen betrieblichen Eigenschaften vorweisen und fielen bereits Ende der 60er Jahre einer größeren Ausmusterungswelle zum Opfer. Die Treibachse dieser Lok war fest im Rahmen gelagert, die zwei anderen Achspaare jeweils zu einem Beugniot-Lenkgestell vereinigt. Gerade im Rangiereinsatz verschmutzten die Gelenke der Lenkhebel gerne und mußten wegen starken Verschleißes oft ausgetauscht werden.

Als im Frühjahr 1972 die letzte Lok der Baureihe 82 (Bw Mosel) ausgemustert wurde, befanden sich noch über 30 T 16^{1} (BR 94) im Dienst der DB!

Außer den Maschinen der Baureihe 23 konnte sich bis zum Jahre 1973 keine der Neubaulokomotiven mehr halten, nachdem auch die BR 065 018 im Dezember 1972 z-gestellt wurde. Man darf hierbei keine direkten Schlüsse auf die Leistungsfähigkeit dieser Maschinen im Vergleich mit den Reichsbahnlokomotiven ziehen, da die letzteren ja in weitaus größerer Anzahl vorhanden waren und damit Einsatzmöglichkeiten und Unterhaltung erleichterten.

Neben dem Neubau der genannten Nachkriegslokomotiven rekonstruierte man bei der DB viele der Reichsbahnlokomotiven, indem man sie mit neuen Hochleistungskesseln, Mischvorwärmern und z. T. auch mit Rollenlagern an Stangen und Achsen ausrüstete. Einen weiteren Leistungsanstieg erbrachte auch der Einbau einer Ölhauptfeuerung in verschiedene dieser Maschinen. Besondere Bedeutung fanden diese Arbeiten bei den Maschinen der Baureihen 01.10 und 03.10, die bereits vier Jahre nach Kriegsende ihrer Stromlinienverkleidung entledigt worden waren und nach den Umbaumaßnahmen wieder im schweren Schnellzugeinsatz standen. Beide Baureihen erbrachten hierbei Monatsleistungen von mehr als 20000 Laufkilometern und kamen somit regelmäßig alle drei Jahre in das AW Braunschweig zur Ausbesserung. Während die Lokomotiven der Baureihe 03.10 bereits im Jahre 1966 ausgemustert wurden, ermöglichte ein im AW Braunschweig erarbeiteter Verbesserungsvorschlag für die Ausbesserung der BR 01.10 – insbesondere in bezug auf die Instandsetzung des Innentriebwerkes – die weitere Verwendung dieser leistungsfähigen Maschinen. Selbst im Sommer 1973 befanden sich noch 15 Lokomotiven BR 01.10 (012) beim Bw Rheine und bedienten die Schnell- und Personenzüge nach Emden und Norddeich.

(2.4.) DER STRUKTURWANDEL IN DER ZUGFÖRDERUNG

Noch Anfang der 50er Jahre umfaßte der Dampflokomotivpark der DB über 12000 Maschinen, die sich auf ungefähr 120 verschiedene Baureihen aufteilten. Da sonst nur noch ca. 600 Elektro- und Diesellokomotiven zur Verfügung standen, mußten die Dampflokomotiven den Hauptteil in der Zugförderung übernehmen.

Die guten Erfahrungen Mitte bis Ende der dreißiger Jahre mit den neuentwickelten elektrischen Lokomotiven, insbesondere den Baureihen E 18, E 19, E 44 und E 94, ließen erkennen, daß die Zukunft dieser Traktionsweise gehören würde, zumal sie in vorbildlicher Weise den Forderungen an Leistungsvermögen und Gesamtwirtschaftlichkeit entsprachen.

Nicht technische, sondern strategische Überlegungen verhinderten eine intensivere Durchführung der Streckenelektrifizierung, da sich die Kriegsgeschehen bereits in der Ferne abzeichneten und die fahrdrahtgebundenen Elektrolokomotiven für militärische Transportaufgaben außerhalt des Reichsgebietes nicht geeignet waren.

Bald nach Kriegsende setzte eine erste Ausmusterungswelle der Dampflok ein, von der vor allem die Splittergattungen der älteren Länderbahnlokomotiven betroffen wurden; denn in der Westzone, dem Gebiet der späteren Bundesrepublik, war nach dem Kriege der Gesamtbestand auf rund 17700 Dampflokomotiven angewachsen und lag somit weit über dem echten Bedarf. Durch die Aufteilung in Einsatz-, Reserve- und Splittergattungen konnte die notwendige Übersicht geschaffen werden und war somit die Voraussetzung, den verschiedenen Einsatzstellen je nach Verwendungszweck die rationellsten Lokomotiven geben zu können. – Neben den im Verhältnis wenig vorhandenen Elektrolokomotiven übernahmen noch einmal die Dampflokomotiven die Hauptlast im Zugförderungsdienst, wenn auch nicht mehr in so eleganter Form und mit so hoher Geschwindigkeit wie vor dem Kriege!

Die Entwicklungsarbeiten an den neuen Elektro- und Diesellokomotiven schritten zügig voran, bereits 1952 wurde die E 10, ein Jahr später die V 200 in den Versuchsbetrieb genommen. Sie ließen erkennen, daß sich durch die mit den modernen Traktionsarten erzielbaren vielfältigen Vorteile bereits in der Ferne das Ende der Dampflokomotive abzeichnete. Die immer wieder gestellte Frage an die Gesamtwirtschaftlichkeit des Zugförderungsdienstes wies eben eindeutig in die Richtung der beiden neuen Traktionsarten. Denn der Betrieb von Dampflokomotiven beinhaltete doch eine Summe verschiedener Nachteile, die sich sowohl im Betrieb als auch bei der Unterhaltung niederschlugen. Da elektrische und in zunehmendem Maße auch Diesellokomotiven über ein Mehrfaches der installierten Leistung verfügten als vergleichbare Dampflokomotiven, ließen sich mit den modernen Traktionsmitteln erheblich höhere Lasten in einem Zug befördern. Konnte z. B. die stärkste deutsche Dampfgüterzuglokomotive, die rund 209 Mp schwere Baureihe 45, einen 1330 Mp schweren Güterzug auf einer Strecke mit 10‰ Steigung mit 30 km/h befördern, absolvierte dies die elektrische Güterzuglokomotive BR E 50 (150) mit 75 km/h ohne Beanstandung. Genauso konnte die elektrische Baureihe E 10 (110) einen 750 Mp wiegenden Schnellzug mit 120 km/h auf einer 5‰ messenden Steigung befördern, welche die Dampflokomotive BR 01 unter gleichen Bedingungen höchstens mit 70 km/h hätte erklimmen können. Hinzu kommt noch, daß die elektrischen Triebfahrzeuge rund 23 Stunden eines Betriebstages, die Dampflokomotiven jedoch nur maximal 18 Stunden einsatzfähig waren. Auch bedurften die Dampflokomotiven einer äußerst intensiven Pflege und benötigten selbst bei Ruhezeiten noch Wartungspersonal für die Feuer- und Dampfhaltung. Nach jeder Fahrt mußten die Schlacke aus dem Aschkasten und die Lösche aus der Rußkammer entfernt, die Vorräte an Kohle und Wasser ergänzt und täglich die Rauchrohre durchgeblasen werden; alles Arbeiten, die neben dem zusätzlichen Personal auch aufwendige, ortsfeste Anlagen zur Dampflokunterhaltung verlangten. Nicht zu vergessen war auch der Umstand, daß bei der Dampflokomotive stets die Besetzung mit zwei Mann, dem Führer und dem Heizer, notwendig wurde, wogegen die neuen Traktionsmittel in der Regel mit einem Mann sich bedienen ließen. Zu der erwähnten Leistungssteigerung gesellt sich somit noch ein um 25 Prozent verminderter Personalkörper, so daß mit weit weniger Fahrzeugen der neuen Traktionsarten das Aufgabengebiet der alten Dampftraktion bewältigt werden konnte. Hierzu kam noch der Vorteil, daß die modernen Diesel- und Elektrolokomotiven universell, d. h. sowohl im Reise- als auch im Güterzugdienst, einsetzbar waren und damit eine dieser neuen Typen gleich mehrere

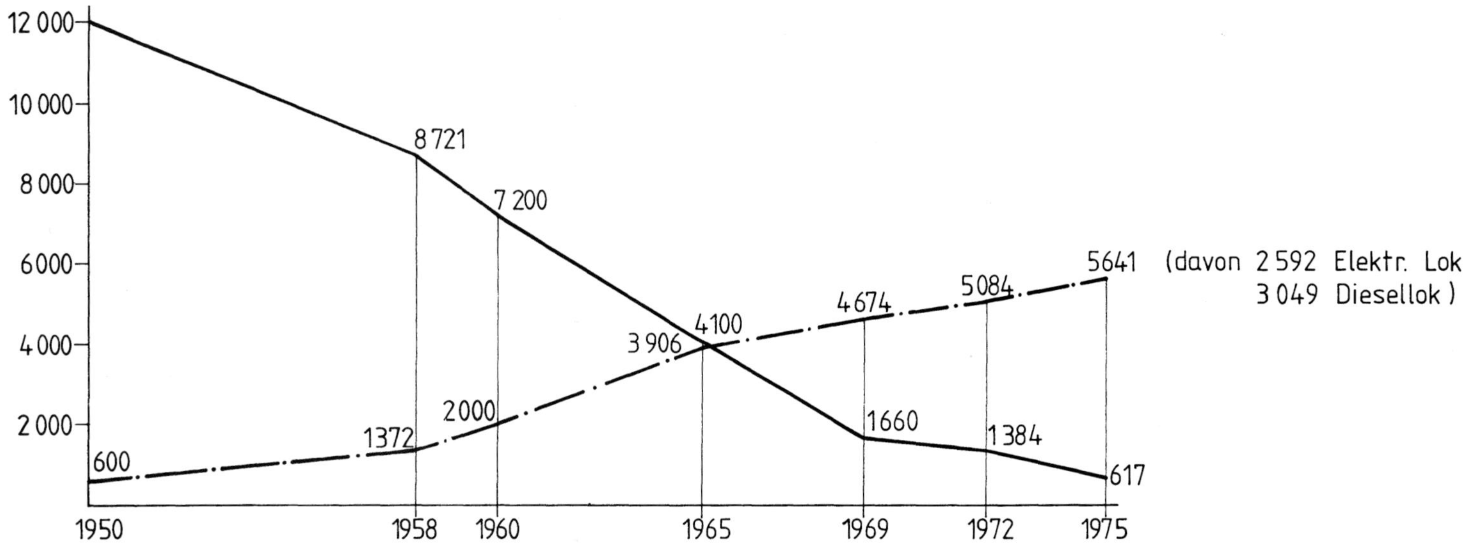

———— Dampflokomotiven
—.—.—.— Elektrische Lokomotiven und Diesellokomotiven

Dampflokbaureihen ersetzen konnte! Einen Überblik dieser Entwicklung vermittelt obenstehende Graphik.
Die Zusammenfassung aller Vorteile wie Leistungserhöhung, universelle Einsatzmöglichkeit, Verminderung der Personal- und Unterhaltungskosten und Verbesserung des technischen Gesamtwirkungsgrades ermöglichte, daß etwa 10 Dampflokomotiven durch nur sechs elektrische Triebfahrzeuge voll ersetzt werden konnten. Wie weit damit die Bedeutung der Dampflokomotiven in den Hintergrund gedrängt wurde, zeigt die Verteilung der 1972 im Zugförderungsdienst stehenden drei Traktionsarten:

1. Nach Zugkilometer		*2. Nach Bruttotonnenkilometer*	
Elektr. Traktion:	63,8%	Elektr. Traktion:	75,1%
Dieseltraktion:	31,2%	Dieseltraktion:	16,2%
Dampftraktion:	5 %	Dampftraktion:	8,7%
Summe	100 %	Summe	100 %

Ein Vergleich dieser Aufstellung mit der vorangegangenen Graphik läßt auch erkennen, daß zwar rund 12 Prozent mehr Brennkraftfahrzeuge als elektrische Lokomotiven vorhanden sind, letztere jedoch nach Zugkilometern über das Doppelte und nach Bruttotonnenkilometern sogar das Viereinhalbfache zu leisten vermögen. Zeigt nun das Leistungsbild der elektrischen Lokomotiven gegenüber den Dieseltriebfahrzeugen schon solche beachtlichen Vorteile, kann man die Gründe für den Strukturwandel im Zugförderungsdienst erst recht verstehen, wenn man die Unterhaltungskosten der im Vergleich schlechter abgeschnittenen Diesellokomotiven jenen einer Dampflokomotive gegenüberstellt (Stand 1971):

Lokbaureihe	Dampflok 050-053	Diesellok 216
Bw-Unterhaltungskosten	49,0%	24,0%
AW-Unterhaltungskosten	51,0%	28,1%
Summe	100 %	52,1%

Betrieb und Unterhaltung einer Diesellokomotive kosten somit nur die Hälfte der Summe, die eine Dampflokomotive benötigt. Hinzu kommen schließlich noch die Vereinfachung des Gesamtbetriebes, die umweltfreundlichere Verhaltensweise und die menschlichen Erleichterungen.
Da die elektrischen Lokomotiven im Rahmen der Gesamtwirtschaftlichkeit die besten Eigenschaften besitzen, werden von ihnen nach Vollendung des Strukturwandels der Traktionsmittel rund 80 Prozent der Transporte und von den Diesellokomotiven die restlichen 20 Prozent bewältigt, obwohl dann nur 40 Prozent des gesamten Streckennetzes elektrifiziert sein werden. Die Dieseltraktion wird damit nur auf die weniger stark befahrenen Nebenstrecken und auf den Rangierbetrieb beschränkt bleiben, weil sie dort wegen ihrer geringeren Anlagekosten wirtschaftlicher ist.

(2.5.) DAS ENDE DER DAMPFLOKOMOTIVEN IN DEUTSCHLAND

In einer Zeit der Raumfahrt, der Computer, der Atomkraft und ständig neuer technischer Sensationen paßt das einfache Bild einer Dampflokomotive schwerlich noch in unser Alltagsschema. Auch die Bundesbahn konnte sich den Forderungen eines hochindustrialisierten Landes und dem Konkurrenzdruck des stark an Bedeutung gewonnenen Straßenverkehrs nicht entziehen. Reise- und Güterzugdienst mußten verbessert und vereinfacht werden, um rationell die verschiedenen Aufgaben bewältigen zu können. Dort, wo ein Unternehmen einerseits Milliarden an Jahresumsatz erbringt, andererseits in der Führung jedoch nicht nur durch ökonomische Grundsätze, sondern auch durch kostenintensive staatliche Auflagen geleitet wird, kann kein Platz mehr für romantisches Denken sein. Je mehr der Schienenverkehr an Umfang zunahm, desto stärker traten die im Vergleich mit anderen Traktionsarten weit ungünstigeren Betriebsbedingungen der Dampflokomotive in den Vordergrund. Der Fortschritt mit seiner hochentwickelten Technik ließ diesen schwarzen Giganten keinen Platz mehr und verwies sie immer zahlreicher und häufiger auf das Abstellgleis.

Trotzdem barg die Dampflokomotive eine Reihe von Vorteilen in sich. Sie war relativ einfach im Aufbau und leicht verständlich im Betrieb. Irgendwelche Schäden kündigten sich meist langsam an, wenn das wachsame Ohr des Lokführers in dem so vertrauten Klang seiner Maschine plötzlich Mißtöne vernahm oder die Leistung des Kessels nicht mehr in der gewohnten Weise sich entfaltete. Doch der Dienst auf dem Führerstand war hart, besonders bei Wind, Regen oder im Winter bei beißender Kälte, und beanspruchte die Gesundheit des Personals oft über das erträgliche Maß. Zum Beispiel bedeutete die Feuerunterhaltung bei einer schweren Güterzuglokomotive mit entsprechender Zuglast eine Schwerstarbeit und Schinderei für den Heizer, wie wir dies in anderen Berufszweigen längst nicht mehr kennen.

Erinnert man heute ältere Lokführer an ihre Dampflokzeit, sind die genannten Nachteile meist vergessen und man vernimmt verhaltene Wehmut aus den Schilderungen früherer Tage. Trotz der schweren körperlichen Belastung enthielt dieser Dienst weit mehr menschliche Züge, da die Zusammenarbeit von Führer und Heizer zu einer echten Partnerschaft führte und somit oft über die erwähnten Nachteile hinweghalf. Die modernen Traktionsmittel lassen fast keine Beziehungen mehr zwischen Personal und Maschine aufkommen, die Nummer der gefahrenen Lokomotive erscheint nach Dienstabschluß nicht mehr erwähnenswert. Man setzt sich auf den Führerstand, fährt seinen Plan, meist ohne Notiz davon zu nehmen, was hinten im Maschinenraum vor sich geht. Und tritt – was selten vorkommt – doch einmal unerwartet eine Betriebsstörung oder ein Schaden ein, meldet man dies der zuständigen Dienststelle, ohne oft die Gründe hierfür genau zu kennen. Durchgebrannte Thyristoren, feuernde Kollektoren oder schlecht justierte Einspritzpumpen entziehen sich in der Regel der direkten Erkennbarkeit durch das Personal. Der physischen Anstrengung auf der Dampflokomotive folgte auf den bequemen und modernen Führerständen der neuen Traktionsmittel aber die psychische.

Den wenigen noch 1975 bei der DB in Betrieb befindlichen Dampflokomotiven ist nur noch eine kurze Zukunft beschieden. Die zeit- und laufkilometerabhängigen Untersuchungsfristen für Kessel und Fahrgestell der Lokomotiven, die größere Ausbesserungsarbeiten im AW erforderlich machten, wurden bereits in den vergangenen Jahren nur noch bei wenigen Maschinen durchgeführt und leiteten somit bei den anderen den Weg auf den Schrottplatz ein. Die schlanken Maschinen der Baureihe 03 ereilte dieses Schicksal bereits im September 1972, die wuchtigen 01-Lokomotiven folgten im Herbst des nächsten Jahres. Und sollte die DB nicht unerwartet ihre Pläne ändern, werden bis zum endgültigen Auslaufen der Dampftraktion im Jahre 1977 nur noch wenige, d. h. höchstens drei verschiedene Baureihen auf den Schienen zu sehen sein, darunter die BR 50 als Mädchen für alles.

Der Fortschritt besteht aus einer Funktionskette, bei der ein Glied die Basis für das nächstkommende bildet, und wenn das neue sich genug entfaltet hat, ersetzt es das alte. Die Dampflokomotive hat zivilisatorisch ihren Dienst getan, sie hat einer ganzen Epoche ihren Stempel aufgedrückt.

Kostbar wird erst, was nicht mehr ist, für Menschen gilt's und auch für Dinge.

– Sic transit gloria vaporis! –

Das vielbegehrte Reiseziel in- und ausländischer Eisenbahnfreunde: Die „Schiefe Ebene", die Steilrampe auf der Strecke Bamberg–Hof. – Der bergauffahrende Eilzug E 1791 wird von der Lok BR 001 088 geführt.

80

Kaum ist der Eilzug E 1549 aus Würzburg in Bamberg mit einer E 140 eingetroffen, setzen sich die beiden schweren Lokomotiven BR 001 211 und 168 in Bewegung, um diesen Zug zu übernehmen und ihn per Doppeltraktion nach Hof zu bringen.

Seit 47 Jahren im schweren Schnellzugeinsatz: BR 001 008 dampft mit D 853 aus dem Bahnhof Neuenmarkt–Wirsberg in Richtung Schiefe Ebene.

001 008-2

001 111-4

Führer und Heizer auf dem Führerstand einer Altbau-001. – Hinter der Aussparung links vom Nummernschild befindet sich der Relais-Kasten der induktiven Zugbeeinflussung (INDUSI).

◀ **BR 001 111 durchfährt ohne Halt mit D 854 Neuenmarkt–Wirsberg. Nur ein Bruchteil einer Sekunde später nach dem vollen Öffnen des Reglers wurde der Auslöseknopf der Kamera betätigt.**

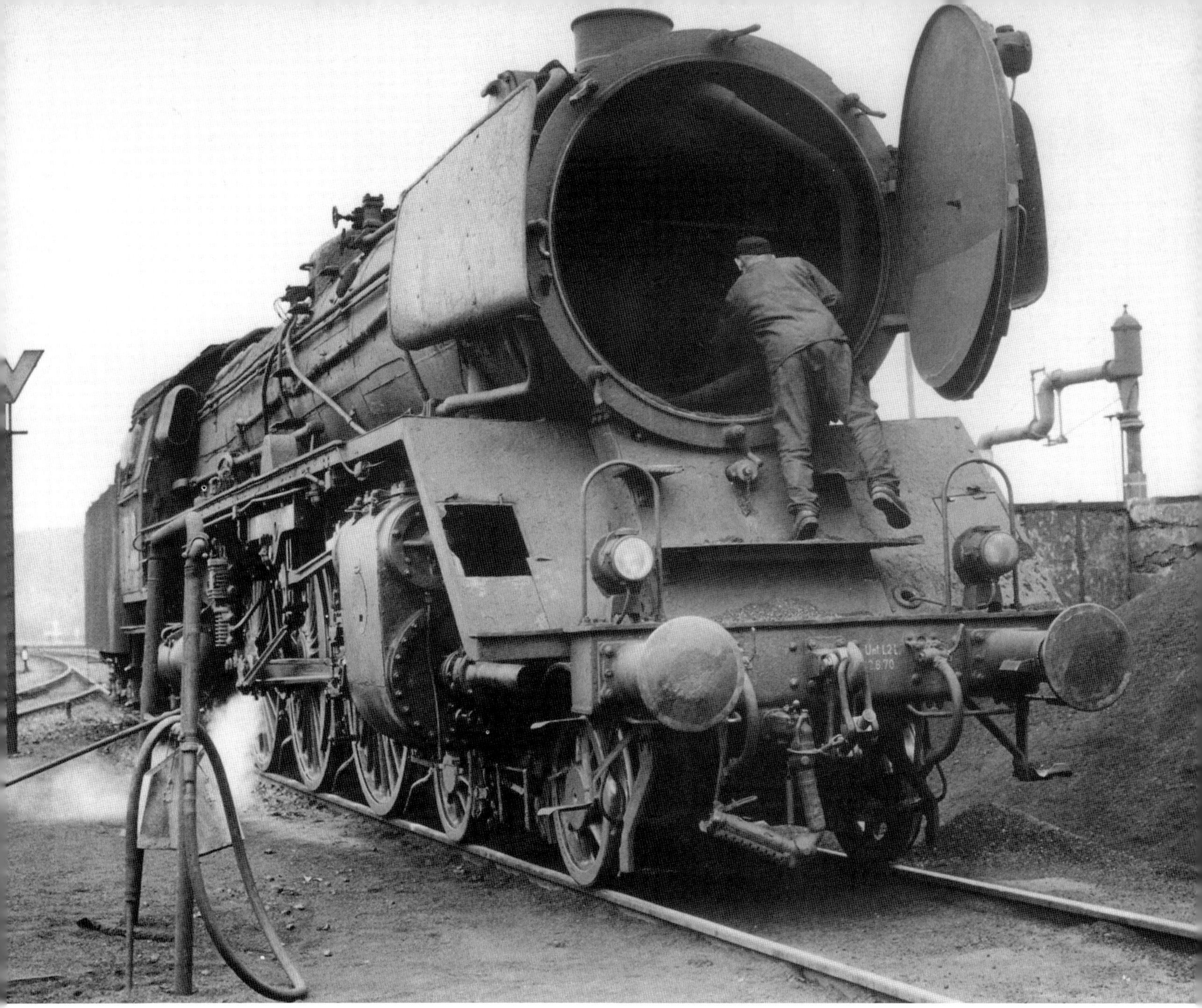

Ein Betriebsarbeiter entfernt die Lösche aus der Rauchkammer. – Ein wesentlicher Nachteil der Dampflokomotive bestand in den notwendigen Auf- und Abrüstarbeiten, die vor und nach jeder Fahrt durchgeführt werden mußten und umfangreiche, ortsfeste Anlagen zur Dampflokbehandlung voraussetzten. Kehrte eine Dampflokomotive nach getaner Arbeit bzw. einer sogenannten Volleistung in ihr Bw zurück, wurden in der Regel folgende Arbeiten durchgeführt: Abbrennen des Feuers, Vorbereitung des Ruhefeuers, Ergänzung der Vorräte an Kohle und Wasser, Ausschlacken der Feuerbüchse, Entfernen der Lösche (Flugasche), Abschlammen des Kessels und Anlegen des Ruhefeuers. Hinzu kamen noch weitere Tätigkeiten, die der Überprüfung des technischen Zustandes der Lokomotive dienten und im Rahmen der Nachschau vom Lokpersonal selbst durchgeführt wurden.

Dampflokomotiven in Doppeltraktion – immer aufs neue faszinierend: Hier der Eilzug E 658 mit der Lok BR 001 008 und 150 in voller Fahrt kurz hinter Untersteinach.

001 008-2
8

BR 001 – Altbaulokomotiven im Bw Hof. – Diese ab 1926 gebauten Schnellzuglokomotiven erfuhren im Laufe der Jahre Änderungen, die ihr ursprüngliches Aussehen erheblich veränderten. Neben dem Umsetzen der zuerst an den Rauchkammernischen positionierten Luft- und Speisewasserpumpen auf Fahrzeugmitte rüstete die DB zur Verbesserung der Streckensicht ab 1950 alle Maschinen auf die wesentlich kleineren, aber nicht weniger wirksamen Windleitbleche um, wie sie bereits aus Materialersparnisgründen an den Kriegslokomotiven der Baureihe 52 Verwendung gefunden hatten. Bei manchen Lokomotiven entfernte man auch einen Teil der Umlaufbleche (siehe BR 001 150), die entgegen früheren Annahmen den Luftwiderstand nicht verkleineren, sondern nur vergrößern halfen.

BR 001-Umbaulokomotiven. – In den Jahren 1958–61 wurden 50 Lokomotiven der Baureihe 01 mit neuen Hochleistungskesseln versehen, die übrigens identisch mit den Neubaukesseln der Baureihen 01.10 (011/012) und 10 waren. Damit konnte nicht nur eine Modernisierung, sondern auch eine Leistungssteigerung erreicht werden, die den Einsatz der Lokomotiven im schweren Schnellzugdienst für weitere Jahre sichern sollte. Neben dem im Durchmesser vergrößerten Langkessel fielen diese Umbaulok auch durch den geänderten vorderen Umlauf auf, der mit seinen großen Durchbrüchen weniger Luftwiderstand erzeugte und den Maschinen ein bulliges Aussehen verlieh. Hierdurch erhielten sie auch den Spitznamen „Bulle“.

Ausdruck vollster Kraftentfaltung: Die schweren Schnellzuglokomotiven BR 001 211 und 168 verlassen in Doppeltraktion mit dem Eilzug E 1649 Bamberg in Richtung Hof.

BAMBERG
BAMBERG

Frühzug E 1622 mit BR 001 131 auf der Fahrt nach Kulmbach kurz nach Neuenmarkt–Wirsberg. Deutlich erkennt man, daß zum Beschleunigen des Zuges die maximale Kesselleistung genutzt wird.

BR 001 008 beim Bekohlen im Bw Hof. – Während in kleineren Bw die Kohle mit Hilfe eines Förderkrans geladen wurde, besaßen größere Lokdepots Kohlenbunker in der hier gezeigten Bauweise, die ein schnelles und rationelles Umschlagen der Brennstoffe erlaubten. In Ruhezeiten konnte dann mit einem separaten Kran der Bunker wieder aufgefüllt werden.

BR 001 131 und 088 verlassen in Doppeltraktion den Bahnhof Neuenmarkt–Wirsberg, um den Eilzug E 658 „Frankenland“ bis nach Bamberg zu bringen.

Blick vom Führerstand einer Umbau-001 auf den Langkessel. Diese neuen Kessel wirkten viel „aufgeräumter“, da Sand- und Speisedom weggefallen waren. Der Sand wurde hier jeweils in drei separaten Behältern mitgeführt, die in Höhe des Umlaufbleches angeordnet worden waren. Wegen des vergrößerten Kesseldurchmessers mußte – hier klar ersichtlich – auch die Steuerstange zweigeteilt werden.

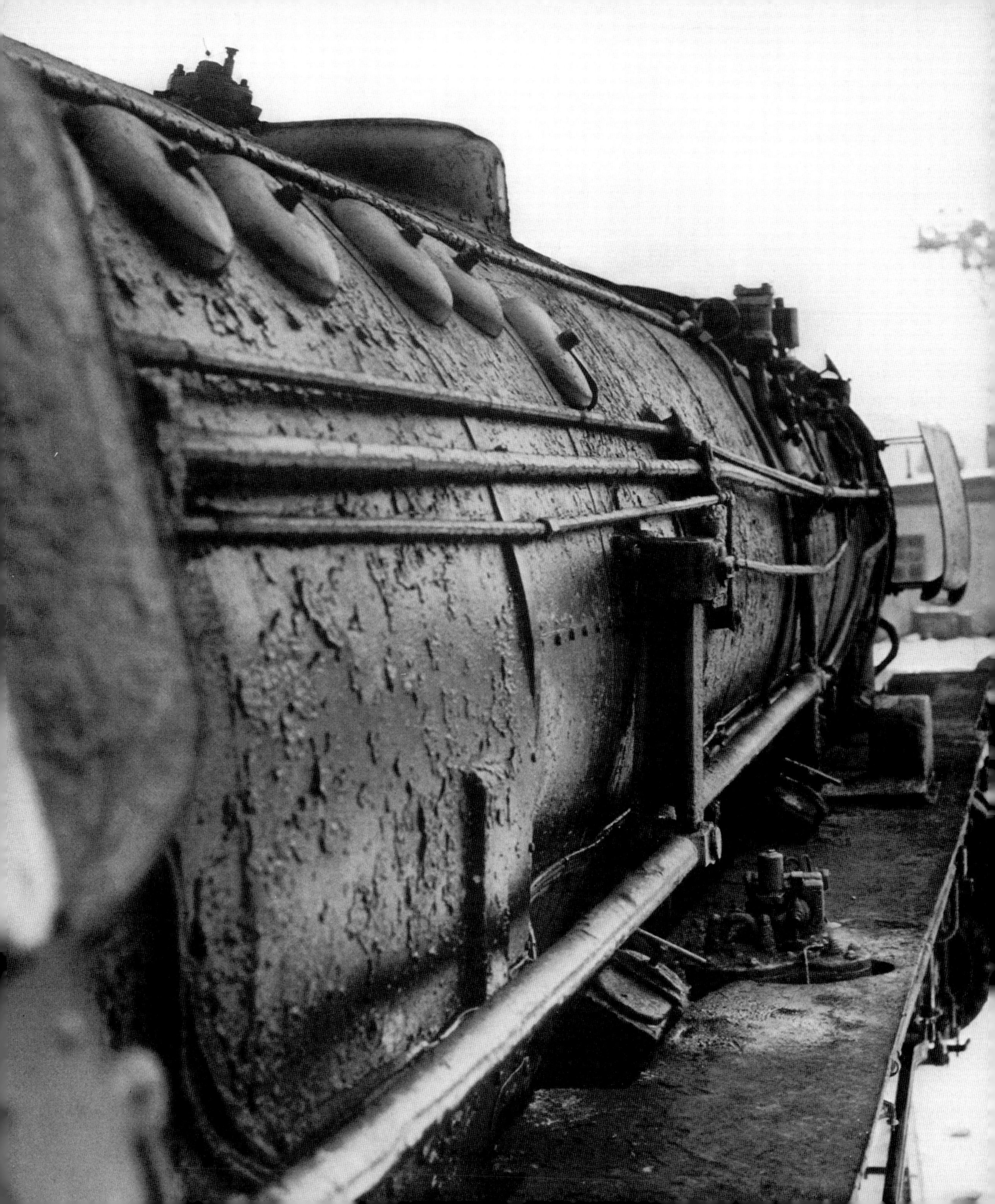

Betrieb im Bw Hof – Blick vom Dach des Rundschuppens! Im Vordergrund erkennt man die Langkessel von zwei Alt- und einer Umbau-001 (Mitte), auf der Drehscheibe eine Güterzuglokomotive BR 050.

BR 001 180 als Vorspannlok mit 001 173 führen den Eilzug E 1649 auf der Schiefen Ebene bergwärts. Drei Tage später wurde diese zweitletzte Umbaulokomotive z-gestellt (30. 5. 1973).

001 111-4
81
1

◀ Mit dem äußersten Aufgebot ihrer Kräfte befördert die BR 001 111 den Eilzug E 1863 alleine über die 25‰ messende Steilrampe, da wegen eines Maschinenausfalles an jenem Tage keine Schiebelok gestellt werden konnte.

BR 001 131 bei der Abfahrt aus dem Bahnhof Neuenmarkt–Wirsberg: Gerade hat sich der erste Auspuffstoß verflüchtigt, die Maschine setzt sich langsam in Gang, um den Schnellzug D 853 nach Hof zu bringen.

Treffen der letzten 001-Lokomotiven: BR 001 008 mit dem Schnellzug D 854 passiert im Bahnhof Falls die dort mit dem Eilzug E 1863 wartende 001 150.

Eilzug E 659 „Frankenland" auf der Schiefen Ebene kurz vor Marktschorgast, ausnahmsweise in Doppeltraktion. Zum 16. Verbandstag der Deutschen Eisenbahnfreunde wollten es sich die Kölner Aktivisten nicht nehmen lassen, am 30. 5. 1973 in ihren vereinseigenen historischen „Rheingold-Wagen" anzureisen. Diese drei wurden somit dem „Frankenland" vorgesetzt und erforderten wegen der dadurch eingetretenen Überschwere neben der Zuglok BR 001 173 noch als Vorspann die 001 168.

Schornsteinstudie einer Altbau-001. Neben der leicht „säuselnden“ Dampfpfeife erkennt man rechts den bei diesen Maschinen üblichen Oberflächenvorwärmer Bauart Knorr. Mittels des Maschinen- und Pumpenabdampfes (ganz rechts im Bild sieht man den Dampfanschluß) wird das Kesselspeisewasser auf rund 95° C angewärmt, bevor es über den Speisedom dem Kessel zugeführt wird.

Letzter Abschied von einer ehemaligen Hausstrecke: BR 001 173 mit dem Sonderzug „Oberfranken-Express“ verläßt den Armesberg-Tunnel kurz nach Neusorg. Der Schnellzugdienst zwischen Nürnberg und Hof wurde bis 1970 mit 001-Lokomotiven durchgeführt. Dann übernahmen die neuen Brennkraftlokomotiven BR 218 diese Leistungen.

OBERFRANKEN
EXPRESS
108

Wintereinsatz auf der Schiefen Ebene! Umbaulok BR 001 211 kämpft sich mit dem Eilzug E 659 „Frankenland“ die schwere Steigung hoch.

80
1

Das Schwerste ist geschafft! BR 001 180 hat mit dem Eilzug E 1649 die Schiefe Ebene hinter sich gebracht und beschleunigt hinter Marktschorgast nun kräftig.

Zylinder und Pumpengruppe einer DR-Umbau-01. Auch die Deutsche Reichsbahn (der DDR) sah sich veranlaßt, einige Maschinen der BR 01 zu rekonstruieren und versah 35 Lokomotiven mit Neubaukesseln. Im Gegensatz zu den westdeutschen Umbauten wurden die früher an den Rauchkammernischen positionierten Pumpen nun hinter dem neuen, weit hochgezogenen Umlaufblech untergebracht und waren damit relativ leicht zugänglich.

Die Lokomotiven BR 001 008 und 088 verlassen in Doppeltraktion mit E 658 Neuenmarkt–Wirsberg in Richtung Bamberg. – Die zweite dieser Lokomotiven wird der Nachwelt erhalten bleiben, ihr ist ein Platz als Denkmallokomotive auf dem Werksgelände der Firma Friedrich Krupp in Essen reserviert worden.

BR 001 131 dampft mit dem Eilzug E 1863 aus Neuenmarkt–Wirsberg. Diese Maschine gehörte eigentlich nicht zu der Gruppe der 50 Lokomotiven, die zwischen 1958–61 mit neuen Kesseln versehen worden waren. Sie darf als Nachzügler gelten, denn erst nach der unfallbedingten Ausmusterung der Lok 001 122 erhielt sie 1966 deren Neubaukessel. ▶

001 131-2

Alt- und Umbaulok BR 001 im Bw Hof. – Die Maschinen mit Neubaukesseln wurden von den verschiedenen Dienststellen unterschiedlich beurteilt. Konnte der Kessel der Altbaulok 14,5 t/h Dampf liefern, vermochte der Neubaukessel durch Vergrößerung der spezifisch wertvolleren Strahlungsheizfläche von 17 auf 22 m² bei gleichzeitiger Verkleinerung der Gesamtheizfläche 15 und kurzzeitig sogar bis 16,5 t/h Dampf zu erzeugen.
Obwohl die umgebauten Maschinen aufgrund der neuen Fertigungsmethoden in der Unterhaltung einfacher waren, bevorzugten die Bahnbetriebswerke und auch das Personal zumeist die Altbaulokomotiven. Schwierigkeiten entstanden immer wieder mit dem Einfachheißdampfregler im Betrieb, obwohl er vom System her deutliche technische und wirtschaftliche Vorteile gegenüber dem Naßdampfregler aufwies: Die Überhitzerelemente wurden – da unter Dampf stehend – besser gekühlt, bei der Anfahrt stand sofort Heißdampf zur Verfügung, Wasserschläge und das lästige Spukken des Bläsers konnten weitgehend vermieden und die verschiedenen Hilfsmaschinen (Generator, Pumpen etc.) mit Heißdampf weit wirtschaftlicher betrieben werden. Besserung im praktischen Betrieb trat erst ein, als der Heißdampf-Mehrfach-Ventilregler zur Verwendung kam. – Insgesamt stellte die Empfindlichkeit der Umbaulokomotiven mehr Anforderungen an das Lokpersonal. Insbesondere verlangten die an sich sehr leistungsfähigen Maschinen ein niedriges, gut verteiltes und lockeres Grundfeuer, welches in kurzen Abständen immer wieder gleichmäßig verstreute Kohle benötigte, um die Voraussetzungen für eine gute Dampferzeugung zu schaffen.

001 180-9

Der planmäßige Einsatz von Hofer 001-Lokomotiven fand am 29. September 1973, dem letzten Tage des Sommerfahrplanes 1973, für immer sein Ende. – BR 001 150 beförderte am Morgen jenes Tages den Nahschnellverkehrszug 3215 von Hof nach Regensburg und kehrte mittags mit N 3228 wieder nach Hof zurück.
Unser Bild zeigt N 3215 auf der Steigung nahe Maxhütte-Haidhof bei der morgendlichen Fahrt nach Süden.

Streckenblick von der Heizerseite einer Altbau-001!

Letzte Fahrt der letzten Umbaulok des Bw Hof am 2. Juni 1973: BR 001 131 bringt den Eilzug E 1863 über die Schiefe Ebene. Noch einmal vernimmt man ihre mächtigen Ausstöße, letztmalig sieht man die für die Umbaulok so typische „Rauchkrawatte“ vor dem Schornstein. – Am nächsten Tage wurde sie z-gestellt.

Eine der allerletzten: 001 173 auf der Drehscheibe im Bw Hof. Die Lokomotive hatte gerade abgerüstet und fuhr zum Abstellen in den Lokschuppen. Natürlich wurde der Umlauf des Regeltenders 2'2'T34 nicht mehr so wie in früheren Tagen von Kohle sauber gehalten.
Zur Freude vieler Dampflok-Enthusiasten wurde diese Maschine nach ihrer z-Stellung nicht ausgemeustert, sondern von den Ulmer Eisenbahnfreunden angekauft. In den Jahren 1974 und 75 absolvierte sie verschiedene Sonderfahrten, bis sie Ende des letztgenannten Jahres dem AW Braunschweig zur Hauptuntersuchung zugeführt wurde. Da aus Kostengründen diese Hauptuntersuchung noch nicht durchgeführt werden konnte, erscheint nun ein erneuter Einsatz fraglich.

Schnellzug D 854 Hof–Bamberg in voller Fahrt bei Seulbitz, Lokführer Bayreuther und Heizer Rietsch auf der 001 150 haben mächtig aufgelegt.

Der Autor inmitten seiner Helfer im Bw Hof, links bzw. rechts die bereits im Vorwort erwähnten Herren Thiele und Rödel II. ▶

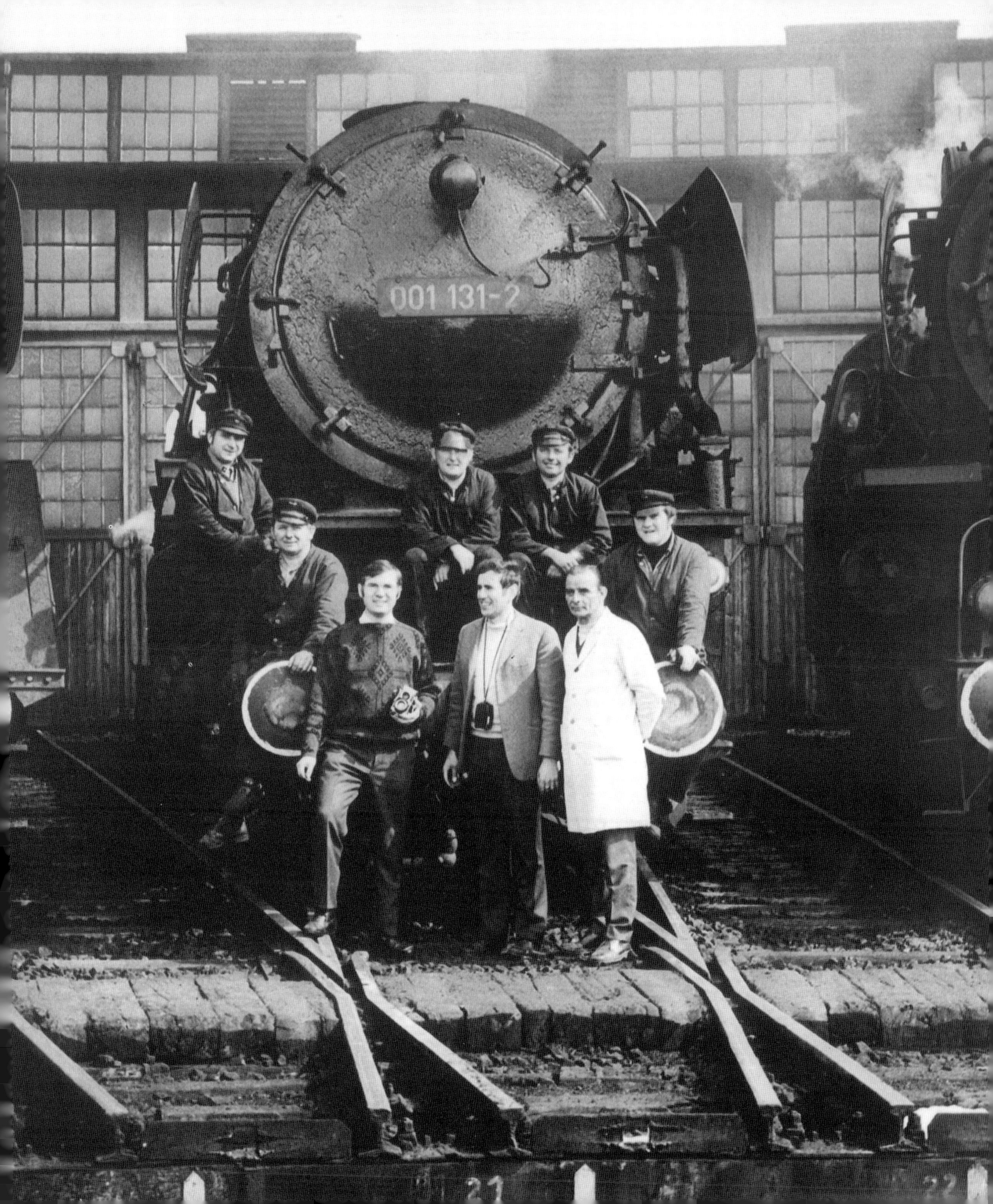
001 131-2

Abendstimmung auf der Schiefen Ebene: BR 001 211 und 168 führen den Eilzug E 1649 bergwärts. Das Bild sagt mehr als tausend Worte!

Schornsteinstudie der Alt- und Umbau-001. Während die Altbaulokomotiven ihren alten, typischen Einheits-lok-Schornstein behielten, wurden die Umbaulok mit den größeren und niedrigeren neuen ausgerüstet. Der weite Durchmesser resultierte aus dem doppelwandigen Aufbau, bei dem innen die Rauchgase und außen der Abdampf der Hilfsmaschinen entwichen.

Lokparade im Bw Hof, die letzten 001 sind angetreten! – Zählte man im Sommer 1972 noch rund 14 Lokomotiven dieser Baureihe zum Bw Hof, nahm diese Zahl – bedingt durch die fälligen Untersuchungsfristen für Kessel und Fahrgestelle – laufend ab und hatte zur Folge, daß die mit 001 vorgesehenen Personenzüge nach Regensburg immer häufiger mit Maschinen BR 050 bespannt werden mußten. Zum Zeitpunkt dieser Aufnahme (8. 4. 1973) befanden sich neben den gezeigten Maschinen weitere zwei, die 001 111 und 173, noch im Plandienst. – Für den ortskundigen Leser: Diese Aufnahme wurde vom Führerhaus einer BR 050 aus erstellt.

001 150-2
001 168-4

Eilzug E 658 „Frankenland" mit Doppeltraktion begegnet seinem mit einer Diesellokomotive BR 221 bespannten Gegenzug E 659 zwischen Kulmbach und Untersteinach. – Die Aufnahme wurde vom Führerstand dieser V-Lok erstellt, rechts im Bild erkennt man noch die Frontverglasung.

Reger Betrieb im Bw Hof: Im Vordergrund eine Güterzuglokomotive der Baureihe 050 auf der Drehscheibe, dahinter Schnellzuglokomotiven BR 001 in Paradeaufstellung.

Umbaulokomotive BR 01.5 der Deutschen Reichsbahn im Bw Bebra. Aufgrund der betrieblichen Notwendigkeiten verfolgte die DR den Umbau bzw. die Rekonstruktion dieser Reichsbahnlokomotiven weitaus konsequenter als die DB, da der Strukturwandel der Traktionsmittel in der DDR längst nicht so schnell durchgeführt werden konnte. Diese Maschine darf als sehr gelungen gelten und hat alle in sie gesetzten Erwartungen mehr als erfüllt. Elegant, aber nicht von großem Nutzen, sind die vorderen, herabgezogenen Umlaufbleche, die den Luftwiderstand vergrößern und damit gerade im höheren Geschwindigkeitsbereich einige PS kosten dürften. Vorbild für eine zweckmäßige Teilverkleidung hätte die Baureihe 10 sein können! – Die abgebildete Lokomotive BR 01 0501 hatte noch im März 1973 eine Untersuchung nach der Schadgruppe „L 2“ erhalten und dürfte somit für den Einsatz weiterer drei oder vier Jahre gerüstet sein.

01 0501-5

Schnellzug D 674 Bebra–Erfurt auf der Steigung kurz vor dem Hönebacher Tunnel, es führt die Reko-Lokomotive BR 01 0529. – Die DR-Umbaulok besitzen u. a. einen sehr dampffreudigen Kessel (16,8 t/h Dampf) und dürfen in Verbindung mit ihrer Ölfeuerung als sehr leistungsfähige Maschinen gelten. Am 2. Juni 1973, dem letzten Tag im Winterfahrplan 1972/73, endete für immer auch der Planeinsatz dieser leistungsfähigen Lokomotiven auf dieser Strecke. BR 01 0530 und 01 0529 brachten an jenem denkwürdigen Tage als letzte Leistung den Schnellzug D 206 nach Osten.

Seltener Besuch im Bw–München Hbf: BR 001 150 vom Bw Hof hat einen Sonderzug nach München gebracht und dampft zur Ergänzung ihrer Vorräte ins Bw zum Wasserkran.

BR 01 0532 durcheilt mit dem Schnellzug D 1150 Hönebach in westlicher Richtung. – Im Gegensatz zur DB erhielten alle mit Neubaukesseln ausgerüsteten 01-Lokomotiven der DR neue Nummern, die nach dem gültigen Nummernplan von 01 0501 bis 01 0535 lauten.

BR 001 168 durcheilt mit dem Schnellzug D 854 ohne Halt Oberkotzau. ▶

001 168-4

Abschied von der Baureihe 001, Abschied auch von der Schiefen Ebene! Letztmalig dampfen die Maschinen 001 173 und als Vorspann 001 111 ausdruckskräftig die berühmteste und wohl auch meist besuchte Steilrampe Deutschlands hoch, um den vierzehn Wagen umfassenden Sonderzug nach Marktschorgast zu bringen.

Zwischenhalt in Marktschorgast: Junge und alte Eisenbahnfreunde aus ganz Europa erleben noch einmal den Betrieb der geliebten 001, deren Einsatz in einigen Monaten bereits Geschichte sein wird.

Der Führer der BR 001 008 bei der Nachschau im Bw Hof. Im Rahmen der Abrüstarbeiten überzeugt sich das Lokpersonal von dem ordnungsgemäßen Betriebszustand der gefahrenen Maschine. Dazu gehören u. a. auch die optische Prüfung von Achsen, Stangen, Radreifen und Lagern auf eventuelle Anbrüche bzw. Heißläufer. – Der gezeigten Lokomotive wurde ein seltenes Glück zuteil. Der im Jahre 1970 unerwartet stark angestiegene Schienenverkehr hatte einen deutlichen Mangel an Triebfahrzeugen zur Folge und veranlaßte die DB, selbst bereits z-gestellte Lokomotiven noch einmal den Ausbesserungswerken zuzuführen und dort im größeren Umfange überholen und aufarbeiten zu lassen. So erhielt auch die 001 008 am 12. August 1970 im AW Lingen eine Untersuchung „L 2". Damit gehörte eine der ersten Einheitslokomotiven auch zu den letzten Vertretern der Dampftraktion.

Immer wieder eine Leistung von Lok und Personal: BR 001 168 führt den Eilzug E 1791 die schwere Steilrampe hinauf!

Die letzte kohlegefeuerte Dreizylinderlokomotive der 01-Familie, die BR 011 062, schied Anfang des Jahres 1973 für immer aus den Diensten der DB. – Links im Bilde die freundlichen Helfer des Autors.

BR 011 072 im Bw Rheine. Neben der BR 011 062 diente auch diese Lokomotive für Fahrten des BZA-Versuchsamtes in Minden und war mangels anderer Möglichkeiten ebenfalls im Bw Rheine hinterstellt. Betrieblich hielt man dort beide Lok nur als Reserve, sie fanden nur selten im Plandienst Verwendung.

Schnellzuglokomotive der Baureihe 012 im Bw Rheine. Im Sommer 1973 befand sich diese Baureihe als einzige Dampflokomotive noch im planmäßigen Schnellzugeinsatz. Hierfür standen insgesamt noch 15 Maschinen zur Verfügung, die alle in Rheine beheimatet waren.

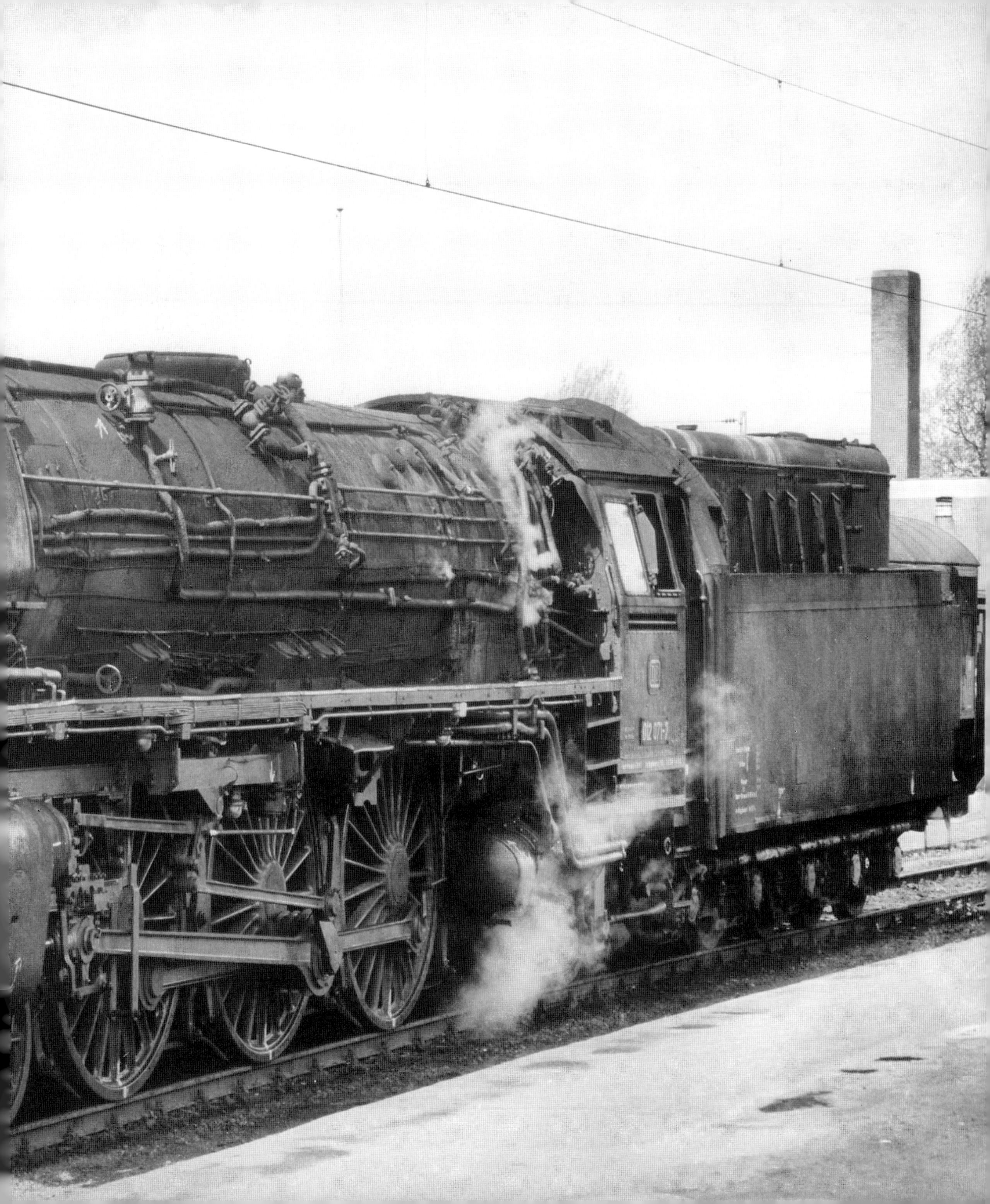
012 071-7

F

Dampf- und Dieseltraktion begegnen sich! Der mit der BR 012 082 bespannte Eilzug E 1631 nach Norddeich kreuzt kurz hinter Rheine den aus Leer kommenden Triebwagen der Baureihe 624 (Zug Nr. 3122).

◀ **Streckenblick des Lokführers auf einer Altbau-001.**

012 055-0

Die Anhebung des Leistungsniveaus einer Dampflokomotive ist neben der Verbesserung des thermischen und mechanischen Wirkungsgrades vor allem mit der Notwendigkeit verbunden, mehr Energie und damit mehr Brennstoff umsetzen zu können. Bei einem handbeschickten Feuerrost werden durch die körperlichen Kräfte des Heizers jedoch Grenzen gesetzt, die entweder eine mechanische (und in der Regel verbrauchsungünstigere) Rostbeschickungsanlage oder andere Lösungsarten notwendig werden lassen. Ab 1955 erprobte man in der abgebildeten Lokomotive zuerst eine Ölzusatz-, später eine Ölhauptfeuerung. Diese in anderen Ländern längst angewandte Feuerungsart bewährte sich so zufriedenstellend, daß weitere 33 Maschinen ebenfalls darauf umgerüstet wurden.

◀ BR 012 055 führt den Eilzug E 1807 in Richtung Norden. – Deutlich lassen sich an dem großen Schornstein die mittig entweichenden Rauchgase von dem ringförmig ausströmenden Abdampf unterscheiden.

Ein historisch bedeutungsvoller Augenblick: Letzter Planeinsatz einer Dampfschnellzuglokomotive bei der Deutschen Bundesbahn! BR 012 063 hat mit dem Eilzug 3265 (Rheine – Emden) Meppen verlassen und eilt nun letztmalig weiter in Richtung Norden (31. Mai 1975). – Bis zum Ende des Winterfahrplanes 1974/75 wurden auf der Emslandstrecke ein Teil der Eil- und Schnellzüge immer noch mit den leistungsfähigen Lokomotiven BR 012 befördert. Mit ihrer Außerdienststellung endete gleichzeitig der Einsatz von Pacific-Lokomotiven in der gesamten westlichen Hemisphäre.

Treibrad einer Lok BR 012. Neben dem sonstigen Aussehen faszinierten den Betrachter besonders die im Durchmesser 2 m großen Treibräder der Schnellzuglokomotiven. An dem gezeigten Treibrad lassen sich weitere Neuerungen beschreiben, die im Rahmen der Modernisierungsarbeiten Ende der 50er Jahre an diesen Hochleistungslokomotiven durchgeführt worden waren. So tauschte man die Gleitlager gegen Rollenlager aus und ordnete die Sandbehälter auf der Höhe des Umlaufbleches an. Links im Bilde arbeitet die Kolben-Luftpumpe.

Abschied von der Dampflok! – Worte, die in den vergangenen Jahren durch den Strukturwandel immer häufiger zu hören waren. Zum Fahrplanwechsel am 1. Oktober 1972 mußte auch das Bw-Hamburg-Altona seine letzten Dampflokomotiven abgeben. Freunde des Dampfrosses schrieben liebevoll diesen letzten Gruß auf den Öltender der BR 012 102, bevor diese am letzten Tage des alten Fahrplanes noch einmal von Altona nach Westerland und zurück dampfte. Nach der folgenden Umstationierung nach Rheine blieb dieser hübsche Gruß auf dem Öltender stehen und kam endgültig zur Geltung, als am 29. Dezember 1972 diese Lokomotive z-gestellt wurde.

Trauriges Ende einer Dreizylinder-01 im AW Braunschweig! Trotzdem lohnt es sich, von ihrem Werdegang zu berichten: Unter der Fabrik-Nummer 11 347 bei Schwarzkopff 1940 gebaut und – in eleganter Stromlinienverkleidung – bei der ehemaligen Deutschen Reichsbahn mit der Betriebsnummer 01 1091 geführt, konnte diese leistungsfähige und zu den besten gehörende Lokomotive wegen der Kriegsgeschehen ihr volles Können nicht entfalten. Im Mai 1949 entfernte man die inzwischen verrottete Stromlinienverkleidung und rüstete sie auf die übliche Kesselverkleidung um. Im August 1955 erhielt sie den von Henschel und Sohn gelieferten Neubaukessel Nr. 29 089 und im Juni 1958 wurden ihr schließlich Stangenwälzlager eingebaut. Der schwere Schnellzugdienst ließ ihre Gesamtleistung bis zum 15. September 1971, dem Tage der z-Stellung, auf 3,374 Mio. km anwachsen. Am Ende des gleichen Jahres blieb auch sie von der Ausmusterung nicht verschont! – Der rechts im Hintergrund zu erkennenden Güterzuglokomotive blieb das gleiche Schicksal ebenfalls nicht erspart. Wegen einer stark durchgebogenen Rauchkammerrohrwand wurde diese 043 665 nach über 2,52 Mio. Gesamtkilometer am 19. Dezember 1972 z-gestellt.

Die Baureihe 003 galt mit ihrer geringeren Radsatzlast als leichte Variante der 001 und diente vornehmlich auf Schnellzugstrecken, die noch nicht für 20 Mp ausgebaut waren. – Das Bild zeigt die letzte im Plandienst befindliche 003 der Bundesbahn: BR 003 088 wartet im Hauptbahnhof Ulm mit einem Personenzug nach Friedrichshafen auf das Ausfahrsignal.

BR 003 131 ergänzt an ihrem letzten Betriebstage im Bw Ulm noch einmal ihre Kohlenvorräte, am Tage darauf wurde sie z-gestellt. ▶

003 131-0
Letzte Fahrt
23.5.72

Wider Erwarten fiel die BR 003 131 nicht sofort dem Schneidbrenner zum Opfer, sondern wurde im Sommer 1972 nach München überführt. Im dortigen Bw Hauptbahnhof fanden sich viele freiwillige Helfer und ein verständnisvoller Amtsvorstand, die in unzähligen Stunden diese Lok äußerlich fast wieder in den Neuzustand versetzten und damit – neben der damals in München stattgefundenen Olympiade – auch im Bw für eine kleine Sensation sorgten. Am 11. Oktober 1972 schließlich – nachdem der Kesselprüfer die Untersuchungsfrist um ein weiteres Jahr verlängert hatte – kehrte diese schöne Lokomotive als Lz 78 464 wieder nach Ulm zurück. Das Bild zeigt hierbei die Maschine bei einem Zwischenhalt in Nannhofen, bei dem man sie vor die Schüttgutwagen rangiert hatte. – Mancher Leser wird die Hintergedanken des Autors wohl erraten können!

Rückansicht des Tenders 2'2'T 40 der Baureihe 10. Durch spezielle Formgebung des Tenderabschlusses sollte der Luftwiderstand bzw. der Strömungsübergang zwischen Tender und Reisezugwagen möglichst günstig ausfallen.

10 001

Blick auf den rechtsseitigen Kreuzkopf der Lokomotive BR 10 001.

Wasserfassen im Bw Crailsheim!

Schön anzusehen, doch im Betrieb sehr diffizil waren die Schnellzuglokomotiven der Baureihe 10. Mit dieser in nur zwei Maschinen vorhandenen Baureihe hatte nach rund 120 Jahren die Entwicklung von Dampflokomotiven in Deutschland ihren Abschluß gefunden. – Mit ihren 2500 PSi eigneten sich diese Maschinen besonders für den schweren Schnellzugdienst. Die zulässige Höchstgeschwindigkeit wurde auf 140 km/h begrenzt, eine Anhebung auf 160 war jedoch für spätere Jahre vorgesehen. Doch der unaufhaltsame Strukturwandel durchkreuzte solche Pläne. – Die abgebildete Lok wird der Nachwelt erhalten bleiben, sie ist für das Verkehrsmuseum in Berlin vorgesehen.

DB
10 001

Personenzuglokomotive BR 023 023 beim Bekohlen im Bw Crailsheim.

Eilzug E 1753 Lauda–Ulm wird von der Crailsheimer BR 023 048 nach Süden gebracht. Das Bild zeigt den Zug kurz hinter Jagstzell.

023 048-2

Volldampf voraus! BR 023 037 verläßt mit dem Personenzug 2719 Rot am See in Richtung Crailsheim. Eigentlich sollte die Baureihe 023 als Ersatz für die inzwischen bejahrte P 8 (BR 038) dienen, sie wurde in 105 Fahrzeugen beschafft. Der Strukturwandel ließ ihr jedoch keine allzu große Chance! Mit dem Ablauf des Sommerfahrplanes 1975 endete auch der planmäßige Einsatz von Lokomotiven BR 023 beim Bw Crailsheim. Auch die wenigen, noch über diesen Zeitpunkt als Reserve gehaltenen Lokomotiven wurden schließlich zum Jahresende dann z-gestellt.

Personenzug 7523 verläßt mit BR 023 002 und 023 020 in Doppelbespannung Königshofen nach Bad Mergentheim. Wegen des nächsten Einsatzes der zweiten Lokomotive sind die Maschinen Tender an Tender gekuppelt.

BR 023 040 in ihrem Heimat-Bw Crailsheim. – Saarbrücken, Kaiserslautern und Crailsheim waren die letzten Stationierungsorte dieser an sich nicht schlecht beurteilten Nachkriegsbaureihe. Nachdem sich die vorher auf der P 8 gefahrenen Personale an die etwas diffizilere und anspruchsvollere Behandlungsweise dieser Lok gewöhnt hatten und die Mängel mit dem Einfachheißdampfregler behoben waren, vermochte man mit diesen verhältnismäßig starken Maschinen beachtliche Leistungen zu erbringen: Eilzüge von 580 Mp Gewicht wurden in der Ebene mit 110 km/h, auf Steigungen mit 5‰ noch mit mehr als 70 km/h gefahren.

040-9

Eilzug E 1651 Stuttgart–Nürnberg kurz hinter Crailsheim mit BR 023 070 in voller Fahrt. Ab der Betriebsnummer 023 053 erhielten alle Lokomotiven anstelle der Gleit- die wartungsärmeren Wälzlager sowie Mischvorwärmer. Der Bestand dieser Baureihe belief sich im April 1973 noch auf 64 Maschinen.

BR 023 023 verläßt mit N 5526 Crailsheim in Richtung Lauda. – Deutlich erkennt man bei dieser Lok im Gegensatz zu der auf der linken Seite abgebildeten 023 070 den schon bei der ehemaligen Reichsbahn üblichen, im oberen Teil der Rauchkammer liegenden Oberflächenvorwärmer. ▶

CRAILSHEIM
023 023-5

24 009

BR 24 009 verläßt mit ihrem Sonderzug Donaueschingen in Richtung Süden. – Bereits im Jahre 1966 musterte die DB die letzte Maschine dieser beliebten Nebenbahnlokomotive aus, denn durch die Teilung Deutschlands wurde ihr der ursprüngliche Einsatzraum, die langen Nebenstrecken West- und Ostpreußens genommen. Für die weit kürzeren Strecken in Westdeutschland reichte auch die Tenderlokomotive BR 064 aus.

◀ Dampfloksonderfahrten auf längst verdieselten oder elektrifizierten Strecken fanden beim Publikum immer mehr Anklang, seitdem die Plandienste der Dampftraktion sich nur noch auf wenige Strecken beschränkten. – Hier zieht die Lokomotive BR 24 009, Eigentum der Solinger Arbeitsgemeinschaft Eisenbahnkurier e. V., einen Sonderzug über die Schwarzwaldbahn Offenburg–Villingen. Schlußpunkt und Erinnerung jener Zeit, als dort aus dem Tannenwaldtunnel noch die Maschinen der Baureihe 39 (P 10) entweder allein oder in Doppeltraktion die schweren Züge über den Schwarzwald brachten.

Tübinger BR 038 (P 8) vor einem Sonderzug auf der Schwarzwaldbahn, im Hintergrund fast verdeckt eine Schiebelok BR 221 vom Bw Villingen.

Kreuzkopf mit Kolben- und Treibstange einer BR 038 (P 8). Deutlich erkennt man das Schmiergefäß (Ölbehälter) mit Leitung zum Kreuzkopflager.

038 772-0
39
1

Blick in das Triebwerk einer BR 038.

Der Herbst ist gekommen: Personenzug 3977 Freudenstadt–Hausach verläßt Wolfach in Richtung Westen, es führt BR 038 772.

Bei der anschließenden Bergfahrt (Zug Nr. 4142) muß die über 40 Jahre alte P 8 ihre volle Kraft entfalten, um den Fahrplan einhalten zu können. Hier auf der Steilstrecke kurz hinter Alpirsbach im schönen Kinzigtal.

038 382-8

Das Erbe Garbes: BR 038 772 (P 8) und 078 246 (T 18) im Bahnhof Trossingen. Beide Maschinen besaßen bis auf einige Abänderungen den gleichen Kessel sowie weitere tauschbare Maschinenteile. Obwohl die T 18 einen kleineren Treibraddurchmesser besaß, erreichte sie die gleiche Höchstgeschwindigkeit wie die P 8: 100 km/h. Gerade im höheren Geschwindigkeitsbereich zeichnete sie sich – bedingt durch den guten Massenausgleich – durch eine angenehme Laufruhe aus.

◀ **BR 038 382 im Bw Freudenstadt. – Noch vor zehn Jahren gehörte die ehemalige preußische P 8 zum alltäglichen Bild der Personen- und Eilzüge. Erst mit der zunehmenden Seltenheit fand die einst mit über 3431 Stück eingeführte Lokomotive Beachtung. – Im Sommer 1973 befanden sich nur noch 3 Maschinen im Dienst der DB, zum Fahrplanwechsel wurden sie nach Rottweil umstationiert, da Tübingen ab dem 3. Juni 1973 dampffrei geworden war.**

BR 038 772 auf Sonderfahrt im Neckartal, im Hintergrund die Stadt Rottweil.

Blick von der Heizerseite auf den Langkessel einer P 8. In der Bildmitte sieht man die Verbundspeisepumpe der Bauart Knorr mit Tolkien-Steuerung, die 250 l Wasser pro Minute in den Kessel zu speisen vermag. Hinter der Speisepumpe ist parallel zum Langkessel liegend der Oberflächenvorwärmer untergebracht.

BR 038 711 im Bw Tübingen. Weder ausgesprochene Ästhetik noch irgendwelche technische Besonderheiten konnte die P 8 aufweisen. Aber anspruchslos, sparsam und zuverlässig verrichtete sie tagtäglich ihren Dienst und bildete über Jahrzehnte hinweg das Rückgrat des deutschen Reisezugdienstes.

DB
038 711-8

Nur Helfer im zweiten Glied durfte die Tübinger P 8 bei der Bodenseesonderfahrt der schweizerischen Eb 2/4 Nr. 5469 spielen. Die beachtliche Anhängelast des Sonderzuges hätte die kleine Tenderlok nicht nur beim Beschleunigen, sondern vor allem auch beim Abbremsen überfordert.

Treibstangenlager einer P 8. Im Vordergrund die Gegenkurbel für die Zylindersteuerung, dahinter das schwere Treibstangenlager mit dem rechts deutlich erkennbaren Schraubenstellkeil.

042 186-

◀ **BR 042 186 als Lz rückwärtsfahrend auf der Strecke Rheine–Lingen. – Auch 99 Lokomotiven der Baureihe 41 erhielten in den Jahren 1957 bis 61 neue Hochleistungskessel, 40 davon rüstete man mit Ölhauptfeuerung aus. – Erstaunlicherweise hielt sich der Gesamtbestand dieser gelungenen Baureihe in den letzten Jahren konstant bei 35 Maschinen.**

Güterzug Leer–Rheine in voller Fahrt, es führt die Lokomotive BR 042 052. – Durch die Höchstgeschwindigkeit von 90 km/h ist diese Lokbaureihe sowohl im Reise- als auch im Eilgüterzugdienst einsetzbar und erlaubt damit die Aufstellung wirtschaftlicher Lokomotivumlaufpläne. Eilzüge können bei 365 Mp Anhängelast (rund acht Schnellzugwagen) selbst bei 5‰ Steigung noch mit 90 km/h, sowie Eilgüterzüge mit 725 Mp in der Ebene mit der gleichen Geschwindigkeit befördert werden.

BR 042 254 bei der Ausbesserung im AW Braunschweig. Nur noch wenige Lokomotiven erhielten im Jahre 1973 eine Untersuchung nach der Schadgruppe „L 2“, diese Baureihe gehörte jedoch auf Grund ihrer universellen Verwendungsmöglichkeiten dazu. Das Bild zeigt die entkleidete Maschine auf dem Stand 2. Dort wird der Lokrahmen in die Waage gelegt und vermessen, es werden die Maße für die einzubauenden Rauch- und Heizrohre genommen, notwendige Vorarbeiten für den Einbau des Reglerrohres und des Dampfsammelkastens durchgeführt sowie der Lokrahmen und seine Verstrebungen auf Schäden und lose Paßschrauben untersucht. Die abgebauten Teile, wie Regler, Pumpen, Kolben, Stangen etc. werden in den Nebenwerkstätten aufgearbeitet. – Nach Abschluß aller Arbeiten wird diese Lokomotive trotz ihrer bisherigen Gesamtlaufleistung von 2,230 Mio. km wohl bis zum Ende des Strukturwandels im Dienst bleiben können.

Treibrad einer Lokomotive BR 042. Neben der normalen Klotzbremse, bei der jeweils nur ein Bremsklotz auf ein Rad wirkt (BR 044, 050 etc.), sind die schnellaufenden Dampflokomotiven, so auch die BR 042, in der Regel mit einer doppelt wirkenden Klotzbremse (Scherenbremse) ausgerüstet.

Nicht nur die zulässige Höchstgeschwindigkeit, sondern auch die variabel einstellbare Radsatzlast auf 18 oder 20 Mp erleichtert die Einsatzmöglichkeit dieser Lokomotiven. Unser Bild zeigt die Lok BR 042 308 beim Rangierdienst, der wegen des Ausfalls einer Diesellokomotive BR 260 notwendig wurde, in einem Kanalhafen.

Seltene Aufnahme: zwei Lokomotiven der Baureihe 042 eilen in Doppeltraktion Tender voraus mit einem Güterzug nach Norden.

BR 042 245 im Bw Rheine.

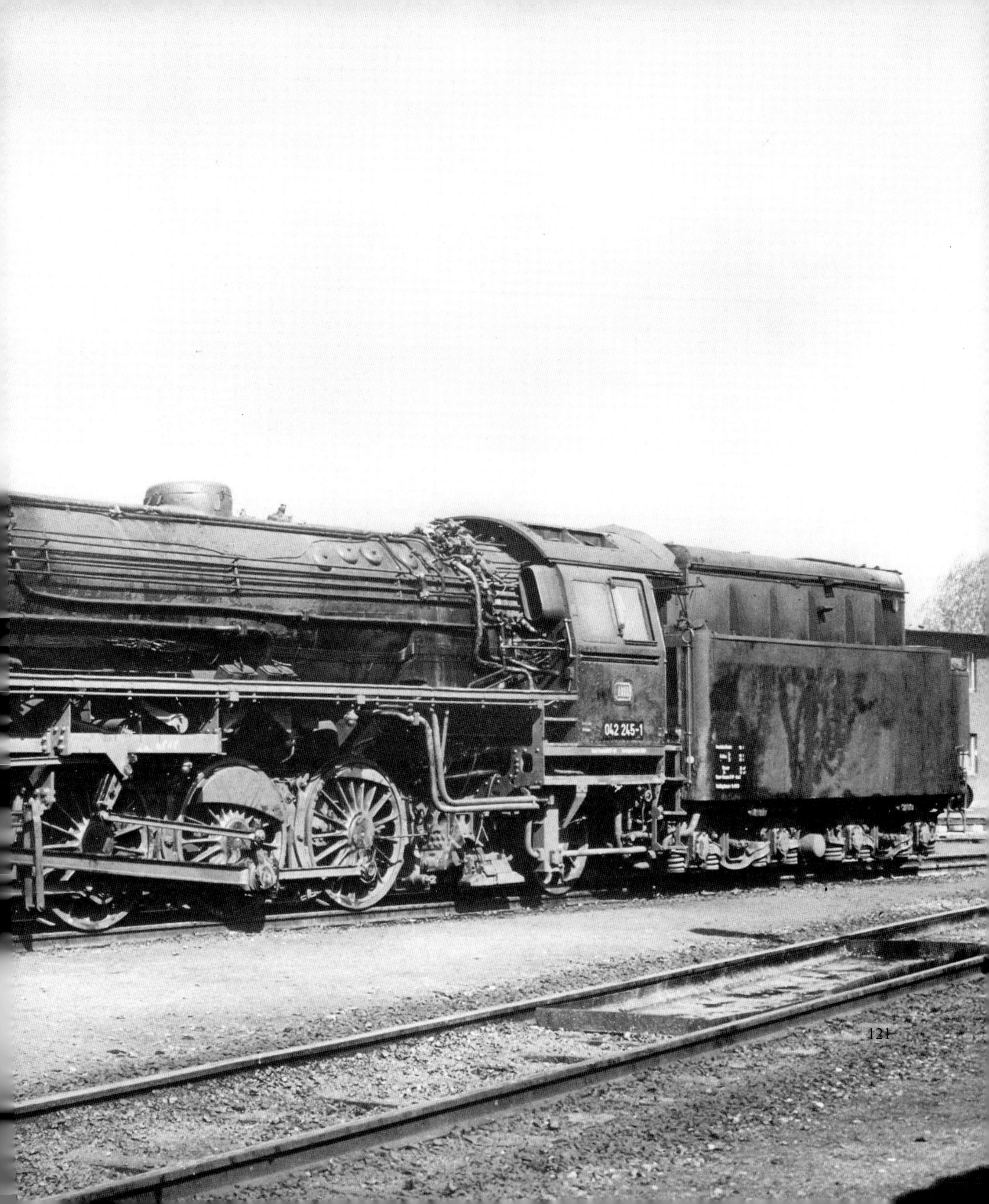
042 245-1

Ein Bild äußerster Kraftentfaltung: Doppeltraktion mit BR 042 164 und einer Lokomotive BR 043 vor einem 4000 t Erzzug kurz vor Salzbergen auf der Fahrt nach Süden.

Auch im Reisezugdienst bewährt: BR 042 360 vor dem Personenzug 3146 Emden–Rheine in voller Fahrt.

Ölgefeuerte Güterzuglokomotive BR 043 315 führt einen Leerzug nach Emden.

Spezialschleifmaschine der Firma Friedrich Schmaltz GmbH (Offenbach/Main) zum Schleifen der Achsschenkel an Kropfachswellen, im Vordergrund zwei Laufradsätze. Bei der Ausbesserung von Dreizylinderlokomotiven ergibt sich die Notwendigkeit, neben den beiden äußeren auch das innere hintere Treibstangenlager, bzw. dessen Aufnahme zu überarbeiten. Mit der abgebildeten Schleifmaschine kann somit bei der Kropfachswelle neben den beiden Achslagern auch die mittige Aufnahme für das Treibstangenlager geschliffen werden. Das Feinschleifen geschieht hierbei mit walroßlederüberzogenen Schleifscheiben, auf denen mittels Warmleim das Schleifmittel aufgetragen ist. Versuche mit anderen Beschichtungen, wie Kunststoffen usw., hatten zu keinen befriedigenden Ergebnissen geführt.

Auch an der abgebildeten BR 043681 führte man noch im Frühjahr 1973 sowohl eine Bedarfsausbesserung nach der Schadgruppe „L 0.2“ als auch eine Kesseluntersuchung nach „H 2.1“ im AW Braunschweig durch. Bis zu diesem Zeitpunkt hatte die 1942 von Schichau, Elbing, gebaute Lok 1,757 Mio. km zurückgelegt. In der auf dem Stand Nr. 3 erfaßten Arbeitsphase werden Arbeiten am Lokrahmen und den Rahmenverbindungen vorgenommen, so u. a. die Achslagerführungen erneuert, die Kesselauflagen wiederhergestellt und Dampfzylinder und Schieberbuchsen ausgebohrt. – Am Innenzylinder kann man sogar die dazu notwendige Bohrvorrichtung sehen. Weiterhin werden die zu ersetzenden Rauch- und Heizrohre eingebaut (die dafür genommenen Maße sind am rechten Windleitblech noch deutlich zu erkennen) und zu erneuernde Stehbolzen ersetzt.

◀ **Um den 4000 to-Erzzug auch auf der Steigung bei Lathen bei Geschwindigkeit zu halten, müssen die beiden ölgefeuerten Dampflokomotiven ihre volle Kesselleistung mobilisieren.**

043 666-7

Besonders für den Einsatz vor den schweren Erzzügen aus Emden sind die Maschinen BR 043 nicht wegzudenken, denn erst ab Rheine werden diese elektrisch mit zwei Lokomotiven BR 140 weitergeführt. Jede Lok entwickelt eine maximale Zugkraft von 27 Mp und kann selbst eine Zuglast von rund 2000 Mp in der Ebene noch mit 60 km/h befördern.

◀ **Gesicht einer schweren Dreizylindergüterzuglokomotive. Der schräg in der Mitte eingebaute Innenzylinder ist leicht erkennbar.**

Güterzuglokomotive BR 043652 bei der Bedarfsausbesserung im AW Braunschweig. Die 1943 von Krupp gebaute Lokomotive wurde im Mai 1960 auf Ölhauptfeuerung umgerüstet und kann bisher 2,148 Mio km Gesamtlaufleistung vorweisen. – Das Bild zeigt die Lokomotive in Wartestellung, bis der Lokanbaustand Nr. 1 sie aufnehmen kann. Dort kann der Ein- und Anbau der getauschten und instandgesetzten Teile begonnen werden.

Blick ins Bw Rheine. Noch im Jahre 1973 galt dieses Depot noch als reines Dampflok-Bw, in dem die Lokomotiven der Baureihen 012, 042 und 043 – also alle ölgefeuerten Maschinen – zusammengefaßt waren. Gemeinsam mit dem Bw Emden stellte Rheine die letzten Dampflokstationierungsorte der Bundesbahndirektion Münster dar. Sie gehören seit einiger Zeit zur BD Hannover.

BR 043 636 im Bw Rheine. – Obwohl aus den geschilderten Gründen die Umstellung auf Dieseltraktion verständlich ist, werden es die Nachfolger – insbesondere die Brennkraftlok BR 218 – schwer haben, gleiche Leistungen wie diese ölgefeuerten Dampflokomotiven zu erbringen! Von den einst 32 umgebauten Lokomotiven der Baureihe 043 waren Anfang 1973 noch immer 25 vorhanden.

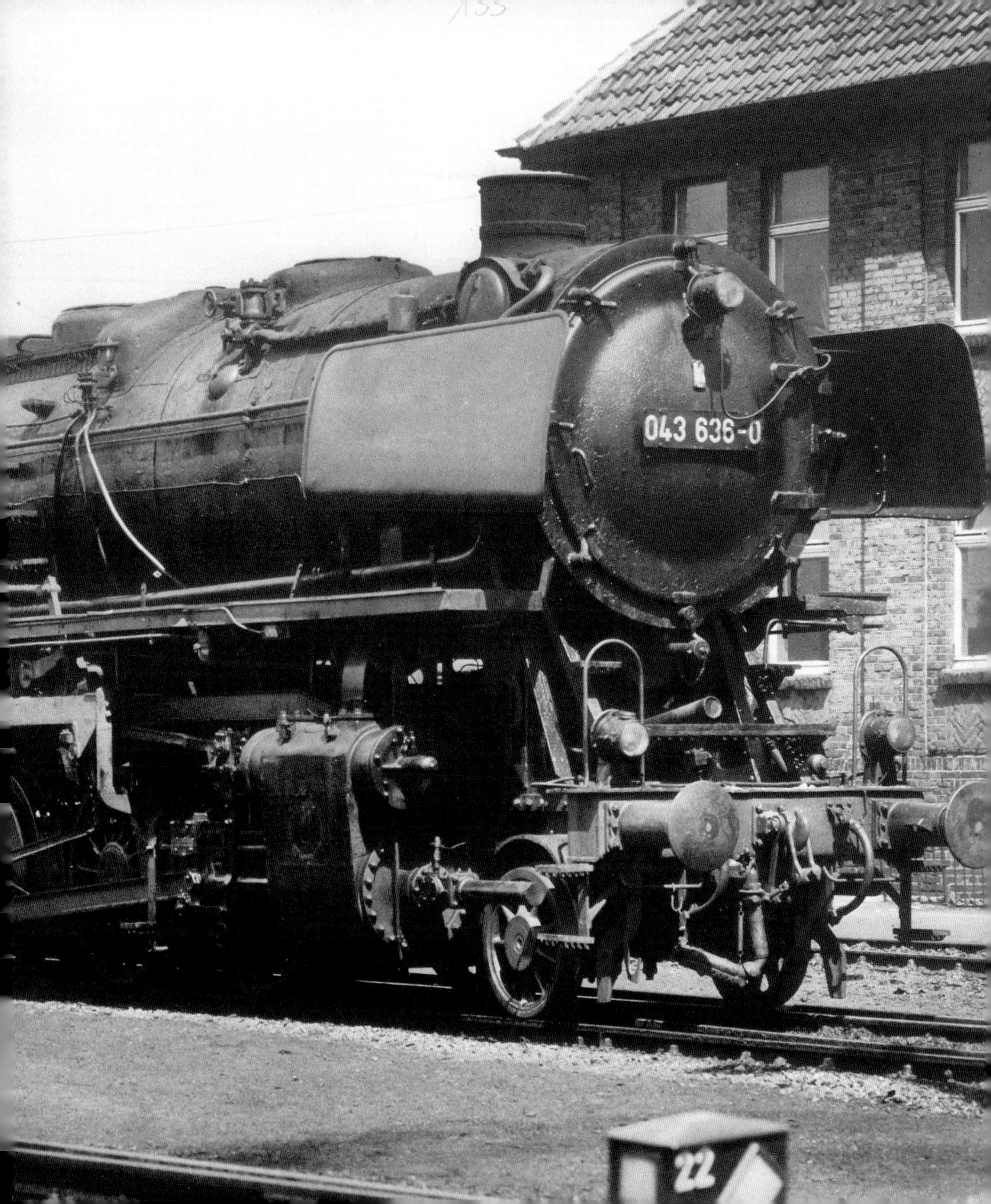
043 636-0
22

Mit viel Rauch und Getöse setzt sich die vor einen Militärzug (Deutsche Panzerkompanie) gespannte Lok BR 044 328 in Bewegung.

◀ **Viadukt Altenbeken, oft besuchtes Photoziel der Eisenbahnfreunde! Im Bilde führt die Lok BR 044 260 einen Güterzug aus Hamm/Westf. Der elektrische Fahrdraht deutet das Ende der Dampftraktion auf dieser Strecke bereits an!**

BR 044 327 im Bw Koblenz-Mosel. – Erst nachdem die optisch weit eindrucksvolleren Schnellzuglokomotiven für immer von der Schiene verschwunden waren, traten diese leistungsfähigen und robusten Güterzuglokomotiven mehr in den Vordergrund und erweckten das Interesse der Eisenbahnfreunde.

◀ Die letzten eindrucksvollen Einsätze von Lokomotiven BR 044 im ostbayerischen Raum konnte man noch bis ins Jahr 1975 auf der Strecke Nürnberg–Sulzbach-Rosenberg beobachten. Insbesondere der Abschnitt zwischen Hartmannshof und Neukirchen mit der starken Steigung und der eindrucksvollen Landschaft vermittelten dem Bahnbetrieb einen ganz besonderen Reiz.
Im Bild bringt BR 044 753 (Bw Weiden) einen schweren Kohlezug bergwärts.

Güterzug nach Heilbronn wartet in Crailsheim auf das Ausfahrsignal.

Die bereits genannte Steilrampe zwischen Hartmannshof und Neukirchen (Strecke Nürnberg – Sulzbach-Rosenberg) zählte zu den wenigen Strecken der Deutschen Bundesbahn, bei denen bis zuletzt Dampflokomotiven noch als Schublok Verwendung fanden: Zuglok BR 044 654 mit einem schweren Erzzug für die Hüttenwerke in Sulzbach-Rosenberg erhält – gerade noch sichtbar – Schub von BR 053 121 (Bw Schwandorf).

BR 044 480 verläßt mit einem Güterzug Crailsheim in westlicher Richtung.

044 480-2

Seltener Schnappschuß auf der Moselbahn: BR 044 385 vor einem über die Moselbahn umgeleiteten Güterzug nebst elektrischer Lokomotive BR 140 (abgebügelt!) auf der Fahrt nach Koblenz bei Eller. Obwohl der Fahrdraht bereits installiert ist, wurde der elektrische Zugbetrieb erst am 7. Dezember 1973 aufgenommen, nachdem auch alle notwendigen Profilarbeiten an den verschiedenen Tunnels abgeschlossen worden waren.

Blick ins Bw Crailsheim: Die Personale der beiden 44er tauschen noch kurz ein paar Worte, dann dampfen beide Maschinen vor die bereits im Bahnhof wartenden Güterzüge.

BR 044 421 bei der Anfahrt talaufwärts im Bahnhof Cochem. Gleich wird dieser Güterzug im Kaiser-Wilhelm-Tunnel verschwunden sein.

BR 044 481 vor einem Leerzug auf der Fahrt nach Emden. Diese Lokomotive gehört zu den wenigen Maschinen, bei welchen die ursprünglichen vorderen Umlaufbleche belassen wurden. An sich hatten diese Bleche weder aus der Sicht der Aerodynamik noch aus anderen technischen Gründen eine echte Berechtigung. Sie behinderten im Gegenteil die Wartung der Maschinen und sind wohl als Konstruktionsmerkmal einer bestimmten Epoche zu verstehen, wie wir sie auch in anderen Bereichen der Technik kennen.

Ende einer Dampflok: Am 3. Mai 1973 wurde die abgebildete Güterzuglokomotive BR 044 670 z-gestellt, da im Hinblick auf die kurze Restlaufzeit von rund anderthalb Jahren eine Reparatur der losen und zu schwachen Radreifen und die Durchführung weiterer umfangreicher Arbeiten aus Kostengründen nicht mehr zu verantworten waren. Der Tender ist bereits abgekuppelt und erlaubt damit einen Blick in das Führerhaus.

051 889-4

BR 052 945 hat mit einem Güterzug Neuenmarkt–Wirsberg verlassen und nimmt Anlauf auf die Schiefe Ebene.

Mögen auch die modernen Traktionsarten den Forderungen nach Wirtschaftlichkeit besser entsprechen, die vielfältige Ausdrucksweise der Dampflokomotive, die immer wieder erneut zu einem packenden Schauspiel führte, werden sie jedoch nie nachahmen können. – Im Bilde ein Güterzug auf dem ersten Teil der Schiefen Ebene, geführt von der Lok BR 051 889.

052 298-7

In den letzten Jahren der Dampftraktion erfüllten die Lokomotiven BR 050 vielfältige Aufgaben, sie waren sozusagen „Mädchen für alles“ auf der Schiene. – Nach vorherigem Güterzugeinsatz führt nun BR 050 098 den Personenzug 7531 von Lauda nach Crailsheim. Hier die Ausfahrt Königshofen.

BR 052 298 verläßt Seesen in südlicher Richtung.

Spätherbst auf der Schiefen Ebene. Nur im Schrittempo kämpft sich die BR 052 213 mit ihrer schweren Anhängelast die starke Steigung hoch. Trotz kräftigen Sandens und sachter Bedienung des Reglers kann der Lokführer ein gelegentliches Schleudern der Treibräder nicht verhindern, zu sehr haben Nebel und Regen die Schienen schlüpfrig werden lassen.

052 213-6

BR 053 061, eine der letzten Lokomotiven, die mit Wannentender der Kriegsbauart 2'2'T 30 ausgerüstet wurden, im Bw Koblenz. – Von den insgesamt 3159 gelieferten Lokomotiven dieser Baureihe, denen der Güterzugdienst auf den vielen Nebenstrecken mit niedrigeren zulässigen Radsatzlasten zugedacht war, wurden vereinzelte Maschinen als „50 ÜK" (Übergangskriegsbaureihe) ausgeführt. Neben dem Wannentender unterschieden sich diese Lokomotiven auch durch ihr geschlossenes Führerhaus von der Regelausführung.

Mit kräftigen Ausstößen und viel Qualm fährt die Lokomotive BR 051 540 in Crailsheim aus.

Mit viel Rauch verläßt BR 051 575 vor Personenzug 7543 Wallhausen in Richtung Crailsheim. – Durch einen Maschinenausfall mußte dieser üblicherweise mit BR 023 bespannte Zug ersatzweise mit BR 050 gefahren werden.

Hier wird auch die früher alltägliche Baureihe 050 noch zum Erlebnis: Hofer 050 596 bei äußerster Kraftentfaltung auf der Schiefen Ebene. Fast könnte man die kräftigen Ausstöße noch hören!

050 596-6

Normal- und Kabinentender der Baureihe 050. Um im Rahmen der Rationalisierungsmaßnahmen den Güterzugbetrieb zu vereinfachen, rüstete die DB zu Beginn der 60er Jahre rund 730 Lokomotiven der Baureihe 050 mit Kabinentendern aus, um zukünftig das Mitführen von Gepäckwagen einsparen zu können. Beim Tenderumbau zog man den Wasserkasten bis über die hintere Pufferbohle hinaus und setzte in der Mitte die Kabine ein, die wiederum nach vorne den Abschluß für den Kohlekasten bildete. Zwar blieb das Tankvolumen von 26 m^3 erhalten, der Kohlevorrat reduzierte sich jedoch auf 6,6 t.

Sehr beachtlich waren die Güterzugleistungen, die bis Ende des Sommerfahrplanes 1975 noch von Lokomotiven BR 050 des Bw Crailsheim auf der Strecke durchs Hohenloher Land erbracht worden waren.
Im Bild führt BR 052 988 den Güterzug 56391 über die schwere Steigung bei Oberstetten in Richtung Süden.

052 988-3

Frühzug nach Hof! BR 050 098 mit Zug 2805 kurz vor dem Hauptblock der Schiefen Ebene.

052 890 auf der Drehscheibe im Bw Hof. ▶

Lokomotive BR 050 249 bei der Bedarfsausbesserung nach der Schadgruppe „L 0.0“, sowie der Kesseluntersuchung „H 2.1“ im AW Braunschweig. Bei der zuletzt genannten Kesseluntersuchung muß die Verkleidung des Steh- und auch des Langkessels teilweise entfernt werden, um den Kesselsachverständigen genügend Möglichkeit zu bieten, den Kessel gründlich nach eventuellen Anrissen oder anderen Schäden untersuchen zu können. Am Stehkesselmantel (rechts vom Führerhaus) werden mittels einer Preßluftbohrmaschine die Stehbolzenkontrollbohrungen freigebohrt. Reißt nämlich ein solcher Stehbolzen, kann dies durch das Austreten von Wasser oder Dampf sofort festgestellt werden. Die nicht freizubohrenden Stehbolzen werden in der Regel durch neue ersetzt. Bei der abgebildeten Lok wurden u. a. noch 24 Rauch- und 60 Heizrohre ausgetauscht, alle 35 Überhitzerelemente aufgearbeitet, Ventilregler und Reglerknierohr ausgewechselt, sowie der Feuerschirm erneuert.

BR 051 511 und 050 991 rangieren mit einem 2000-t-Güterzug in den Bahnhof Crailsheim, um von dort weiter nach Nürnberg zu fahren.

BR 052 509 bei der Bedarfsausbesserung „L 0.2“ und Kesselbesichtigung „H 0.2“ im AW Braunschweig. Das Bild zeigt die von Orenstein & Koppel 1942 gebaute Lokomotive nach der Behandlung in der Lokwaschanlage, die in der Regel alle auszubessernden Maschinen passieren müssen. Anschließend wird sie zum Lokstand 1 gebracht und, dort beginnend, wieder schrittweise der Wiederaufbau eingeleitet.

BR 052 817 durchfährt mit einem Personenzug talwärts den winterlichen Wald bei Falls.

Probefahrzug des AW Braunschweig. – Nach jeder Untersuchung ist bei Dampflokomotiven eine Lastprobefahrt durchzuführen. Nur bei Bedarfsausbesserung am Lauf- oder Triebwerk, an der Steuerung oder Saugzuganlage genügt im Regelfalle eine Leerfahrt. Nachdem man die in früherer Zeit üblichen Lastprobefahrten mit Zug und Vorspannlokomotive wegen des aufkommenden Strukturwandels nicht mehr ordnungsgemäß durchführen konnte, entschloß sich 1961 die BD Hannover, nun diese Lastprobefahrten mit Bremslokomotiven der Baureihe 18 (die mit Riggenbach-Gegendruckbremse ausgerüstet waren) zu absolvieren. Die Schadanfälligkeit dieser Bremslokomotiven, die gerade bei den leistungsfähigen Schnellzuglokomotiven der Baureihe 01.10 Öl (012) deutlich überfordert wurden, führten schließlich zum Einsatz des gezeigten Probefahrzuges. Man baute hierbei überzählige Tender der Regelbaureihe 2'2'T 34 entsprechend um, versah sie mit Ballast und kuppelte mittels der normalen Tender-Lok-Kupplung (Hauptkuppeleisen) zwei zu einer Einheit zusammen. – Für die Lastprobefahrten einer Schnellzuglokomotive kommen 3 Einheiten (408 Mp), für Güterzuglok 6 Einheiten (816 Mp) zum Einsatz. Jede Einheit hat somit 136 Mp Eigengewicht. – Für den Nichtfachmann: Bei einer Schnellzuglokomotive entsprechen die drei Einheiten rund 8 Schnellzugwagen (Länge ca. 230 m)!

Blick in das Langhaus des Bw Mannheim. Noch stehen die 050er unter Dampf! Ein Jahr später wurde die BD Karlsruhe, und damit auch Mannheim, dampffrei. Am 29. Dezember 1972 verließ BR 052 450 als letzte Dampflok das Bw und wurde nach Hof umstationiert.

BR 055 455 im Bw Gremberg, eine der letzten Maschinen der ehemaligen preußischen G 8^1. Bis zur Kriegslokomotive BR 52 war die G 8^1 die meistverbreitete deutsche Dampflokomotive, sie wurde in über 5150 Stück an die Preußische und auch an andere Bahnverwaltungen geliefert. Die im Vergleich mit anderen Maschinen niedrige zulässige Höchstgeschwindigkeit von 55 km/h verdrängte sie immer mehr aus dem Güterzugdienst, zumal ihre Laufeigenschaften bei höheren Geschwindigkeiten sehr zu wünschen übrig ließen (Schlingern). Die letzten Lokomotiven fanden nur noch im Rangier- und Übergabedienst Verwendung.

DB
055 455-0

N

Auf Sonderfahrt! BR 064 415 (Bw Weiden) und 086 809 (Bw Hof) bringen in Doppeltraktion den von einer 001 in Kirchenlaibach übernommenen Sonderzug der Eisenbahnfreunde (2. 6. 73) weiter über Bayreuth nach Neuenmarkt–Wirsberg. Unser Bild zeigt diesen Zug kurz vor Stockau.

Personenzug 3313 fährt in Miltenberg ein.

Lokparade im Bw Weiden. Die letzten 064 sind angetreten! Im Winterfahrplan 1972/73 standen in Weiden noch 4 Maschinen dieser Baureihe im Plandienst, die auf den Strecken Weiden–Bayreuth und Weiden-Eslarn eingesetzt wurden. Nach Fahrplanwechsel übernahmen Diesellokomotiven der Baureihe 211 (V 100) diese Aufgabe.

Dampflok adieu! BR 064 415 und 097 bei der Abschiedsfahrt der Bayreuther Eisenbahnfreunde (am 27. Mai 1973) auf der stillgelegten Strecke Bayreuth–Turnau

Sonderzug der Eisenbahnfreunde: Zwischenhalt in Trebgast.

Personenzug Bayreuth–Weiden kurz nach dem Verlassen von Stockau, es führt BR 064 295. – Diese leichte Tenderlokbaureihe wurde einst ab 1928 mit rund 520 Maschinen beschafft und sollte vor allem der Verbesserung des Betriebes auf den Nebenbahnen dienen. In den 60er Jahren wurden sie zunehmend von den neuen Diesellokomotiven verdrängt und waren Anfang 1973 nur noch in wenigen Bahnbetriebswerken vertreten. Weiden, Aschaffenburg und Heilbronn setzten sie hierbei noch im Plandienst ein, Ulm und Tübingen nur noch zu Sonderzwecken.

064 097 rückwärtsfahrend mit einem Güterzug unterwegs auf der Strecke Eslarn–Weiden im Walde bei Pleystein. – Die bereits Ende der fünfziger Jahre in Deutschland eingetretene Motorisierung blieb auch bei der Bahn nicht ohne Folgen. Sowohl im Berufsnah- als auch im Reiseverkehr verlor die Bahn ihre frühere Bedeutung (außer bei Großstädten natürlich), da große Teile der Bevölkerung dem eigenen Auto den Vorzug gaben. Die damit meist unrentable Unterhaltung von Nebenbahnen verlangte drastische Rationalisierungsmaßnahmen, zu denen auch der Übergang auf andere Traktionsmittel gehörte.

Abendstimmung auf der Schiefen Ebene: BR 001 211 und 168 führen den Eilzug E 1649 bergwärts. Das Bild sagt mehr als tausend Worte!

Der Herbst ist gekommen: Personenzug 3977 Freudenstadt–Hausach verläßt Wolfach in Richtung Westen, es führt BR 038 772.

Ein Bild äußerster Kraftentfaltung: Doppeltraktion mit BR 042 164 und einer Lokomotive BR 043 vor einem 4000 t Erzzug kurz vor Salzbergen auf der Fahrt nach Süden.

051 889-4

BR 065 018 auf der Drehscheibe im Bw Würzburg. – Diese DB-Neubaulokomotive sollte besonders der Beschleunigung des schweren Vorortsverkehrs der Großstädte dienen. Bald erkannte man, daß diese Aufgaben sich weit besser mit den modernen Traktionsmitteln – insbesondere beim Wendezugverkehr – bewältigen ließen. So wurden nur 18 dieser Lokomotiven beschafft.

Mögen auch die modernen Traktionsarten den Forderungen nach Wirtschaftlichkeit besser entsprechen, die vielfältige Ausdrucksweise der Dampflokomotive, die immer wieder erneut zu einem packenden Schauspiel führte, werden sie jedoch nie nachahmen können. – Im Bilde ein Güterzug auf dem ersten Teil der Schiefen Ebene, geführt von der Lok BR 051 889.

BR 065 018 rangiert von dem soeben aus Aschaffenburg gebrachten Personenzug im Kopfbahnhof Miltenberg. Nach Stationierungen in Essen, Düsseldorf, Letmathel und Darmstadt wurden die letzten der zum Teil frühzeitig ausgemusterten Lokomotiven dem Bw Aschaffenburg zugeteilt, welches sie auf der Strecke nach Miltenberg einsetzte.

Personenzug 3311 Aschaffenburg–Miltenberg in voller Fahrt bei Laudenbach. Während noch im Frühjahr 1971 rund 6 Maschinen in Aschaffenburg stationiert waren, zählte man im Sommer 72 nur noch eine Maschine! Der Rest war ausgemustert und sowohl durch Lokomotiven der Baureihe 050 als auch wieder durch 064 ersetzt worden.

Trauriges Ende der Neubaulokomotiven: ausgemusterte 065er im Bw Aschaffenburg.

Personenzug Rottweil–Villingen, es führt die Lokomotive BR 078 192; rechts im Bilde der Abzweig nach Tuttlingen.

078 192-2

Vorderteil der Tenderlok 078 mit der typisch preußischen Rauchkammer. Vorne quer unterhalb der Rauchkammer befindet sich der Oberflächenvorwärmer.

Auch den beiden zuverlässigen preußischen Personenzuglokomotiven der Baureihen 038 (P 8) und 078 (T 18) galt eine Abschiedsfahrt: 078 246 und 038 722 verlassen in Doppeltraktion mit einem Gesellschaftssonderzug den Bahnhof Trossingen in Richtung Rottweil (29. 4. 1973).

Die zwei letzten T 18 der DB: 078 192 und 246 im Bw Rottweil. Die einst mit über 480 Maschinen eingeführte Baureihe, von der Anfang der sechziger Jahre alleine bei der DB noch rund 400 Lokomotiven vorhanden waren und dabei vor allem im erweiterten Vorortverkehr der Großstädte dienten, blieb ebenfalls von der drastischen Ausmusterungswelle im vergangenen Jahrzehnt nicht verschont. Elektrifizierung der Vorortsverbindungen und vermehrter Einsatz der Diesellokomotiven hatten sie überflüssig werden lassen.

078 192-2
F

Seitenansicht der T 18 – auch noch nach über 50 Jahren Dienst hat sie etwas von ihrem früheren Glanze behalten.

Horb 1972 – BR 078 453 wartet in der Abendsonne auf das Ausfahrsignal.

Unausweichliches Ende aller deutschen Dampflokomotiven: Ausgebraucht und abgestellt – ausgemusterte Lokomotiven der Baureihe 078 im Bw Rottweil.

Als Ersatz für die bereits veralteten preußischen T 16¹ (094) sollte die Baureihe 082 dienen. Gleichzeitig stellte sie die erste nach dem verlorenen Krieg gebaute Neubaulokomotive dar. Wegen des sich bereits abzeichnenden Strukturwandels wurden jedoch nur 41 dieser Maschinen beschafft. Ganz überflüssig wurden diese an sich leistungsstarken Fahrzeuge schließlich, als die Diesellokbaureihe 290 zur Verfügung stand. Im Frühjahr 1972 wurde auch die letzte Lokomotive der Baureihe 082 in Koblenz/Mosel ausgemustert.

BR 086 809 hilft als Schiebelok dem Sonderzug der Eisenbahnfreunde über die Schiefe Ebene.

BR 086 521 im Bw Nürnberg, Hof und Schwandorf bildeten die letzten Einsatzorte dieser Tenderlokbaureihe. Hierbei wurden jedoch nur noch von Nürnberg Planzüge bespannt, in Hof und Schwandorf dienten sie vor Arbeitszügen oder standen in Reserve für eventuellen Diesellokausfall. Am 18. Mai 1974 absolvierte BR 086 283 (Bw Schwandorf) als letzte Vertreterin ihrer Baureihe mit dem Nahverkehrszug 4735 von Nabburg nach Schönsee und mit N 4740 wieder zurück nach Schwandorf auch ihre letzte Leistung. Drei Tage später wurde sie z-gestellt und am gleichen Tage, zusammen mit BR 064 295, nach München-Ost überführt.
Inzwischen haben diese beiden Maschinen einen Platz im Deutschen Dampflok-Museum in Neuenmarkt-Wirsberg gefunden, das Ende 1976 eröffnet werden wird.

Auch bei der Abschiedsfahrt der Bayreuther Eisenbahnfreunde konnte der über
Sonderzug bei der Steigung kurz vor Turnau auf eine Schiebelok nicht verzichten
Aufgabe übernahm wieder BR 086 809 vom Bw Hof.

Ein letztes Mal im Streckendienst: 064 415 und 086 809 auf Sonderfahrt zwischen Trebgast und Neuenmarkt–Wirsberg.

Tenderlok BR 086 171 im Bw Hof. – Die Baureihe 086 stellte die meistbeschaffte Tenderlokomotive der ehemaligen Deutschen Reichsbahn dar. Ihre Einsatzgebiete sollten vor allem die steigungsreichen Nebenbahnen sein, wo in universeller Weise sowohl Güter- als auch Personenzüge gefahren werden mußten. – Im Sommer 1973 befanden sich in Hof noch zwei, in Schwandorf noch eine 086, die zuweilen vor Arbeitszügen eingesetzt wurden.

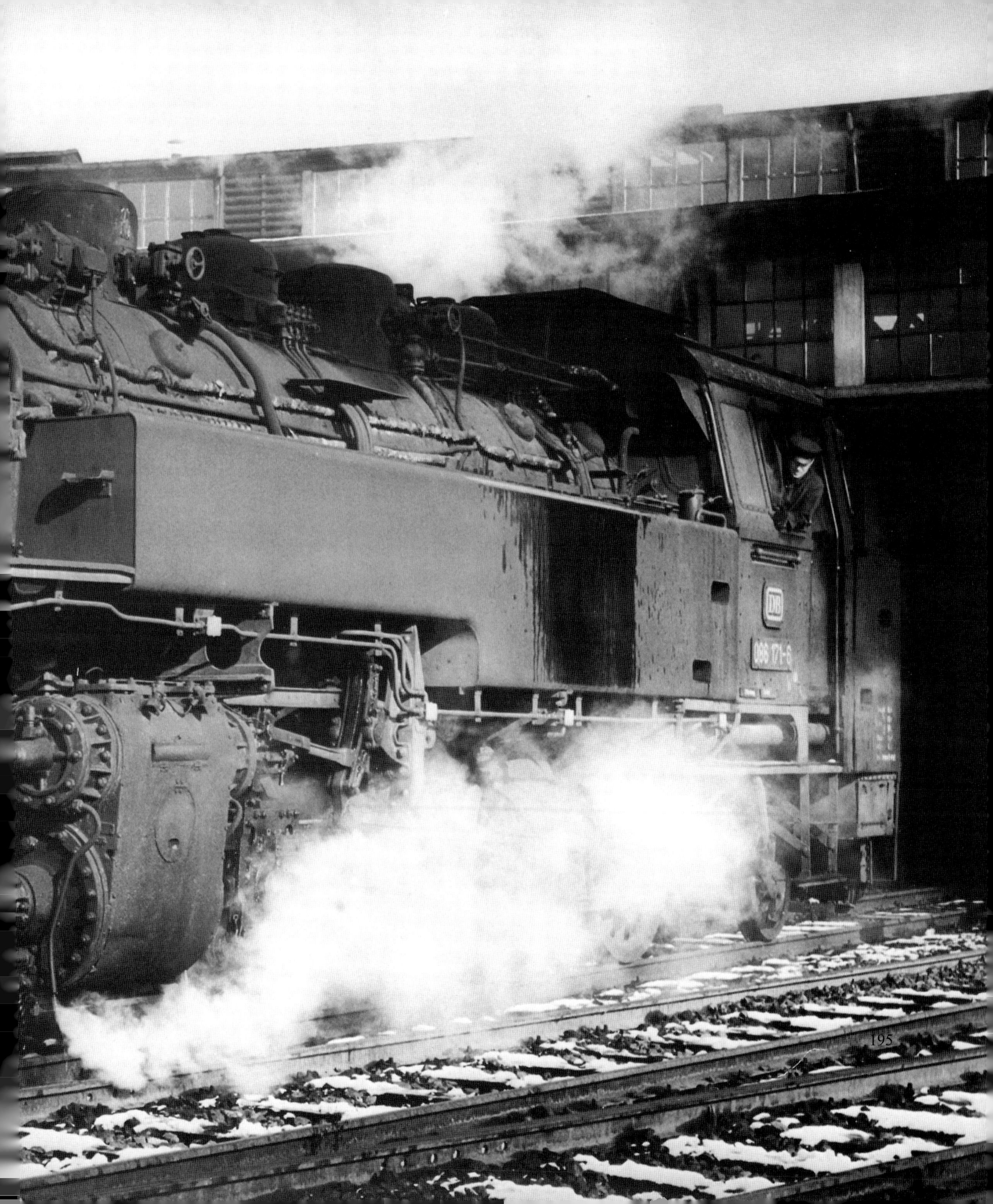
086 171-6

BR 094 567 rangiert in Großrhüden vor einen Bedarfsgüterzug.

Blick auf die linke Vorderseite einer BR 094 (pr. T. 16[1]). Parallel zum Langkessel ist der erst später eingebaute Oberflächenvorwärmer angebracht. Die preußische Herkunft ist aufgrund der typischen Rauchkammer nicht zu verkennen. Dem Schornstein fehlt hier jedoch die obere Kaminkrone.

Bedarfsgüterzug auf der Fahrt nach Seesen, es führt eine Tenderlok der Baureihe 094.

Eine Abschiedsfahrt besonderer Art galt am 17. Februar 1974 den beiden zuletzt im Bw Lehrte stationierten Dampflok-Baureihen: 94 1184 und 050 548 mit dem EK-Oldtimer-Zug bei Frankenscharrnhütte/Oberharz.

BR 094 567 im Bw Seesen. Diese Lokomotive besitzt nur einen Dampfdom, dahinter liegt, mittig über dem Kessel, der Vorwärmer. – Nur noch drei Bahnbetriebswerke besaßen Anfang Sommer 1973 noch Maschinen dieser Baureihe: Emden, Hamm, Lehrte und Wanne-Eickel.

094 567
4

Je seltener die Dampflokomotiven wurden, um so mehr Freunde fanden sie. Und da Jahr für Jahr unerbittlich eine Baureihe nach der anderen der Ausmusterung zum Opfer fiel, bemühten sich verschiedene Interessengruppen, imposante Vertreter der Dampflokepoche wenigstens als Denkmal der Nachwelt zu erhalten, wie hier die BR 94 1538 neben dem Bahnhof Gönnern, von dem aus sie über 43 Jahre lang ihren Dienst nach Dillenburg und zurück versehen hatte.

Eine zweite Möglichkeit, das Ende der Dampflokomotiven wenigstens im kleinen noch für einige Jahre hinausschieben zu können, lag in der, wenn auch begrenzten, Erhaltung kleiner Dampflokomotiven zur Durchführung von Sonderfahrten: Hier verläßt die Lok BR 98 727 (bayer. BB II) mit einem Sonderzug den Bahnhof Weikersheim in Richtung Lauda.

(4.) Tabellenteil

(4.1.) EINTEILUNG UND KENNZEICHNUNG DER DAMPFLOKOMOTIVEN

Zur Einteilung der Dampflokomotiven diente auch bei der Deutschen Bundesbahn noch lange Zeit der Nummernplan der ehemaligen Deutschen Reichsbahn, der seinerzeit auf das Jahr 1923 zurückging. Dieser Plan sah die Einteilung der Lokomotiven nach ihrem hauptsächlichen Verwendungszweck in sogenannte Hauptgattungen vor. Neben den neuen Einheitslokomotiven wurden auch die zahlreichen Länderbahnlokomotiven eingegliedert. Den acht Hauptgattungen wurden insgesamt 99 Stammnummern zugeordnet, die sich nach dem folgenden Schema aufteilten:

Hauptgattung		Stammnummern
S	Schnellzuglokomotiven	01–19
P	Personenzuglokomotiven	20–39
G	Güterzuglokomotiven	40–59
St u. Pt	Schnell- und Personenzugtenderlokomotiven	60–79
Gt	Güterzugtenderlokomotiven	80–96
Z	Zahnradlokomotiven	97
L	Lokalbahnlokomotiven	98
K	Schmalspurlokomotiven	99

Sowohl die Einheitslokomotiven der beiden Neubauprogramme 1925 bzw. 1950 als auch die ehemaligen Länderbahnlokomotiven erhielten als Zusatz hinter dieser Nummer noch den Herkunftsnachweis, so z. B. bei der Baureihe 01 „Einheitslokomotive 1925“ oder bei der BR 38 „pr P 8“. Durch die internationale Umstellung der Steuerung des Zugverkehrs auf EDV mußten alle Lokomotiven entsprechend umnumeriert werden, wobei die Dampflokomotiven die Baureihennummer 0, die elektrischen 1 und die dieselbetriebenen Lokomotiven 2 zugeteilt bekamen. Hier drei Beispiele:

alt: 01 103	alt: E 10 207	alt: V 160 088
neu: 001 103	neu: 110 207	neu: 216 088

Die durch den am 1. Januar 1968 in Kraft getretenen neuen Nummernplan bedingten Änderungen zeigt diese Gegenüberstellung:

alte Bezeichnung	neue Bezeichnung
01	001
01^{10}	011
01^{10} Öl	012
03	003
10	–
23	023
24	–
$38^{10\text{-}40}$	038
41 Öl	042
44	044
44 Öl	043
$50^{0\text{-}31}$	050–053
$55^{25\text{-}56}$	055
64	064
65	065
78	078
82	082
86	086
$94^{5\text{-}18}$	094

(4.2) DIE RADSATZANORDNUNG

Die Radsatzanordnung umfaßt die Anzahl und die Reihenfolge der Lauf- und Treibradsätze sowie deren Anordnung in der Lokomotive. Hierbei werden die Laufradsätze mit arabischen Zahlen, die angetriebenen Achsen mit großen lateinischen Buchstaben bezeichnet. Lauf- und Treibachsen können entweder im Rahmen oder in Dreh- und Lenkgestellen angeordnet sein. Die bei den Dampflokomotiven angewendete Bezeichnungsweise zeigt folgende Aufstellung:

Laufradsätze:
1 eine Laufachse, im Rahmen gelagert
2 zwei Laufachsen, im Rahmen gelagert
1' eine vom Rahmen unabhängige Achse (z. B. Bissel-Achse)
2' ein zweiachsiges Laufachsgestell

Treibradsätze:
B zwei gekuppelte Treibradsätze, im Rahmen gelagert
C drei gekuppelte Treibradsätze, im Rahmen gelagert
D vier gekuppelte Treibradsätze, im Rahmen gelagert
usw.

(4.3.) ZUSATZBEZEICHNUNGEN

Um noch mehr Aufschluß über die Bauart der Lokomotiven zu erhalten, können folgende Bezeichnungen der Radsatzanordnung beigefügt werden:

Dampfart: h = Heißdampf
n = Naßdampf
Zylinderzahl: 2 = Zweizylinder
3 = Dreizylinder
4 = Vierzylinder
Art der Dampfdehnung: keine Angabe = einfache Dehnung
v = Verbundwirkung

Beispiel: 2'C 1' h 3 bedeutet: eine Dreizylinder-Heißdampfschnellzuglokomotive mit vorderem zweiachsigem Laufdrehgestell, drei gekuppelten Treibradsätzen und einer hinteren Laufachse.

(4.4.) DAMPFLOKOMOTIVENBESTAND DER DB (REGELSPUR)

Baureihe	Gesamtbestand am 1.4.1973	Standorte (Heimat-Bw)
001	13	Hof
012	16	Rheine
023	64	Kaiserslautern, Saarbrücken Hbf, Crailsheim
038	3	Tübingen
042	35	Rheine
043	25	Kassel (noch bis Ende Mai 1973), Rheine
044	230	Ehrang, Gelsenkirchen-Bismarck, Hamm, Paderborn, Ottbergen, Betzdorf, Koblenz-Mosel, Emden, Weiden, Crailsheim, Rottweil
050–053	651	Köln-Eifeltor, Ulm, Mayen, Schwandorf, Stolberg, Dillingen, Hamm, Kaiserslautern, Osterfeld-Süd, Lehrte, Hohenbudberg, Koblenz-Mosel, Heilbronn, Schweinfurt, Wanne-Eickel, Limburg, Duisburg-Wedau, Uelzen, Saarbrücken Hbf, Nürnberg Rbf, Rottweil, Gremberg, Hof, Emden, Weiden, Tübingen, Kassel, Neuß, Kirchenlaibach, Plattling, Paderborn
064	15	Aschaffenburg, Weiden, Heilbronn, Tübingen, Ulm
078	2	Rottweil
086	15	Hof und Schwandorf
094	12	Wanne-Eickel, Hamm, Lehrte, Emden

(4.5.) ÜBERSICHT DER GEKUPPELTEN TENDER

Bauart	Tenderleergewicht Mp	Tenderges.gew. m. vol. Vorräten Mp	Wasser m³	Kohle bzw. Öl t bzw. m³	Achslast max. Mp	Lokomotiv-Baureihe
3 T 16,5 pr	22,0	45,5	16,5	7,0	15,2	055
2' 2' T 21,5 pr	23,0	51,5	21,5	7,0	13,3	038
2' 2' T 26	25,5	59,5	26,0	8,0	15,04	050–053
2' 2' T 26 Kab.	25,5	58,1	26,0	6,6	14,9	050–053
2' 2' T 30	18,7	58,7	30,0	10,0	14,8	038, 050–053
2' 2' T 31	23	62	31,0	8,0	15,6	023
2' 2' T 32	32,6	74,6	32,0	10,0	18,75	001, 003, 044
2' 2' T 34	30,2	74,2	34,0	10,0	18,6	001, 003, 044
2' 2' T 30 Stoker	31,1	71,1	30,0	10,0	17,8	044 mit Verbrennk. u. Stoker
2' 2' T 34 Öl	32,08	77,6	34,0	12,0	19,3	042, 043
2' 3 T 38	33,2	81,2	38,0	10,0	16,3	011
2' 3 T 38 Öl	35,38	84,90	38,0	12,0	17,03	012
2' 2' T 40	30,3	82,3	40,0	12,5	21,35	10

Anmerkung: Das Tenderdienstgewicht ergibt sich bei nur 2/3 der Vorräte.

Baureihe	Dim	001	001 Umbau 1957	01^5 Öl
Bauart	–	2' C 1' h 2	2' C 1' h 2	2' C 1' h 2
Leistung	PSi	2240	2330	2240
Höchstgeschw.	km/h	130/50	130/50	130/50
Zugkraft	Mp	15,2	15,2	15,2
Treib- u. Kuppelrad-∅	mm	2000	2000	2000
Laufrad-∅, vorn	mm	850/1000	1000	1000
Laufrad-∅, hinten	mm	1250	1250	1250
Zylinder-∅	mm	600	600	600
Kolbenhub	mm	660	660	660
Kolbenschieber-∅	mm	300	300	300
Kesselüberdruck	kp/cm^2	16	16	16
Wasserraum des Kessels	m^3	9,56	10,85	14,4
Dampfraum des Kessels	m^3	4,06	5,38	5,5
Verdampfungs-Wasseroberfläche	m^2	13,36	14,33	15,68
Feuerrauminhalt	m^3	6,86	9,35	–
Größter Kessel-∅	mm	1900	2000	–
Anzahl der Heizrohre	–	129	96	125
Heizrohr-∅	mm	54×2,5	54×2,5	54×3,0
Anzahl der Rauchrohre	–	43	46	43
Rauchrohr-∅	mm	143×4,25	143×4,25	140×4,5
Rostfläche	m^2	4,41	3,955	4,87
Strahlungsheizfläche	m^2	17	22,0	23,5
Rauchrohrheizfläche	m^2	105,38	97,16	97,3
Heizrohrfläche	m^2	115,18	73,93	201,0
Verdampfungsheizfläche	m^2	237,56	193,09	224,5
Überhitzerheizfläche	m^2	100,0	100,54	97,5
Achslast max.	Mp	20,2	19,8	19,6
Lokleergewicht	Mp	99,3	96,6	98,9
Lokreibungslast	Mp	59,2	57,7	60,4
Lokdienstgewicht	Mp	108,9	108,3	111,0
Fahrzeuggesamtgewicht (mit allen Vorräten)	Mp	184,5	182,5	–
Tender	–	2' 2' T 32 oder 2' 2' T 34	2' 2' T 34	2' 2' T 34 Öl
Länge über Puffer	mm	23.750	23.940	–
Befahrbarer Bogenhalbmesser	m	180	140	140
Befahrbarer Ablaufberghalbmesser	m	300	300	300
a. Baujahr	–	1925	Umbau ab 1957	Umbau 1962
Hersteller	–	DLV	–	–

Anmerkung: Das Fahrzeugdienstgewicht (Lok u. Tender) ergibt sich bei nur $^2/_3$ der Vorräte.

Baureihe	Dim	003	10	011
Bauart	–	2' C 1' h 2	2' C 1' h 3	2' C 2' h 3
Leistung	PSi	1980	2500	2350
Höchstgeschw.	km/h	130/50	140/90	140/50
Zugkraft	Mp	13,72	17,9	15,84
Treib- u. Kuppelrad-∅	mm	2000	2000	2000
Laufrad-∅, vorn	mm	850/1000	1000	1000
Laufrad-∅, hinten	mm	1250	1000	1250
Zylinder-∅	mm	570	3 × 480	3 × 500
Kolbenhub	mm	660	720	660
Kolbenschieber-∅	mm	300	300	300
Kesselüberdruck	kp/cm^2	16	18	16
Wasserraum des Kessels	m^3	9,08	11,5	10,5
Dampfraum des Kessels	m^3	3,22	5,78	4,8
Verdampfungs-Wasseroberfläche	m^2	13,12	15,15	14,5
Feuerrauminhalt	m^3	6,11	9,87	9,2
Größter Kessel-∅	mm	1700	2000	2000
Anzahl der Heizrohre	–	85	109	119
Heizrohr-∅	mm	70 × 2,5	54 × 2,5	54 × 2,5
Anzahl der Rauchrohre	–	20	44	44
Rauchrohr-∅	mm	171 × 4,5	143 × 4,25	143 × 4,25
Rostfläche	m^2	3,89	–	3,96
Strahlungsheizfläche	m^2	15,9	22	22,0
Rauchrohrheizfläche	m^2	69,22	102,10	92,96
Heizrohrfläche	m^2	118,03	92,3	91,55
Verdampfungsheizfläche	m^2	203,15	216,4	206,51
Überhitzerheizfläche	m^2	72,22	105,7	96,15
Achslast max.	Mp	18,2	22,4	20,20
Lokleergewicht	Mp	91,00	108,9	99,60
Lokreibungslast	Mp	54,3	65,6	60,40
Lokdienstgewicht	Mp	100,3	118,9	110,80
Fahrzeuggesamtgewicht (mit allen Vorräten)	Mp	174,5	201,2	192,00
Tender	–	2' 2' T 32 oder 2' 2' T 34	2' 2' T 40 Öl	2' 3 T 38
Länge über Puffer	mm	23.905	26.503	24.130
Befahrbarer Bogenhalbmesser	m	180	140	140
Befahrbarer Ablaufberghalbmesser	m	300	300	300
1. Baujahr	–	1930	1958	1937 Umbau 1953
Hersteller	–	DLV	Krupp	Henschel

Anmerkung: Das Fahrzeugdienstgewicht (Lok u. Tender) ergibt sich bei nur $^2/_3$ der Vorräte.

Baureihe	Dim	012	023	24
Bauart	–	2' C 1' h 3	1' C 1' h 2	1' C h 2
Leistung	PSi	2470	1785	920
Höchstgeschw.	km/h	140/50	110/85	90/50
Zugkraft	Mp	15,84	14,6	12,32
Treib- u. Kuppelrad-∅	mm	2000	1750	1500
Laufrad-∅, vorn	mm	1000	1000	850
Laufrad-∅, hinten	mm	1250	1250	–
Zylinder-∅	mm	3 × 500	550	500
Kolbenhub	mm	660	660	660
Kolbenschieber-∅	mm	300	300	220
Kesselüberdruck	kp/cm^2	16	16	14
Wasserraum des Kessels	m^3	10,5	7,35	5,34
Dampfraum des Kessels	m^3	4,8	2,85	1,21
Verdampfungs-Wasseroberfläche	m^2	14,5	10,70	6,14
Feuerrauminhalt	m^3	9,63	5,99	2,8
Größter Kessel-∅	mm	2000	1863	1500
Anzahl der Heizrohre	–	119	130	114
Heizrohr-∅	mm	54 × 2,5	44,5 × 2,5	44,5 × 2,5
Anzahl der Rauchrohre	–	44	54	32
Rauchrohr-∅	mm	143 × 4,25	118 × 4	118 × 4
Rostfläche	m^2	–	3,12	2,04
Strahlungsheizfläche	m^2	22,0	17,10	8,7
Rauchrohrheizfläche	m^2	92,96	74,65	42,02
Heizrohrfläche	m^2	91,55	64,53	53,76
Verdampfungsheizfläche	m^2	206,51	156,28	104,48
Überhitzerheizfläche	m^2	96,15	73,80	37,34
Achslast max.	Mp	20,8	18,9	15,1
Lokleergewicht	Mp	101,0	74,6	52,0
Lokreibungslast.	Mp	61	56,0	45,2
Lokdienstgewicht	Mp	111,60	82,8	57,4
Fahrzeuggesamtgewicht (mit allen Vorräten)	Mp	196,50	144,8	100,7
Tender	–	2' 3 T 38 Öl	2' 2' T 31	3 T 16
Länge über Puffer	mm	24.130	21.325	16.995
Befahrbarer Bogenhalbmesser	m	140	140	140
Befahrbarer Ablaufberghalbmesser	m	300	300	300
1. Baujahr	–	1937 Umbau 1956	1950	1926
Hersteller	–	Henschel	Henschel	DLV

Baureihe	Dim	038	042	043
Bauart	–	2' C h 2	1' D 1' h 2	1' E h 3
Leistung	PSi	1180	1975	2100
Höchstgeschw.	km/h	100/59	90/50	80/50
Zugkraft	Mp	11,43	15,58	27,38
Treib- u. Kuppelrad-∅	mm	1750	1600	1400
Laufrad-∅, vorn	mm	1000	1000	850
Laufrad-∅, hinten	mm	–	1250	–
Zylinder-∅	mm	575	520	3×550
Kolbenhub	mm	630	720	660
Kolbenschieber-∅	mm	220	300	300
Kesselüberdruck	kp/cm^2	12	16	16
Wasserraum des Kessels	m^3	6,50	10,25	9,65
Dampfraum des Kessels	m^3	3,10	4,28	4,60
Verdampfungs-Wasseroberfläche	m^2	9,750	13,30	13,80
Feuerrauminhalt	m^3	4,520	8,860	7,40
Größter Kessel-∅	mm	1600	1864	1900
Anzahl der Heizrohre	–	123	80	128
Heizrohr-∅	mm	51×2,5	54×2,5	54×2,5
Anzahl der Heizrohre	–	26	42	43
Rauchrohr-∅	mm	133×4	143×4,25	143×4,25
Rostfläche	m^2	2,58	–	–
Strahlungsheizfläche	m^2	14,47	21,22	18,30
Rauchrohrheizfläche	m^2	47,99	92,28	105,38
Heizrohrfläche	m^2	83,54	64,04	114,29
Verdampfungsheizfläche	m^2	146,00	177,54	237,67
Überhitzerheizfläche	m^2	34,92	95,77	100,0
Achslast max.	Mp	17,7	19,9	19,3
Lokleergewicht	Mp	70,7	93,1	100,2
Lokreibungslast	Mp	51,6	74,3	04,9
Lokdienstgewicht	Mp	78,2	101,3	109,6
Fahrzeuggesamtgewicht (mit allen Vorräten)	Mp	129,7	177,5	187,2
Tender	–	2' 2' T 21,5 (pr)	2' 2' T 34 Öl	2' 2' T 34 Öl
Länge über Puffer	mm	18.592	23.905	22.620
Befahrbarer Bogenhalbmesser	m	140	140	140
Befahrbarer Ablaufberghalbmesser	m	300	300	300
1. Baujahr	–	1906	Umbau 1958	Umbau 1960
Hersteller	–	Schwartzkopff	Henschel	DLV

Baureihe	Dim	044	050	055
Bauart	–	1' E h 3	1' E h 2	D h 2
Leistung	PSi	1910	1625	1260
Höchstgeschw.	km/h	80/50	80/80	55/50
Zugkraft	Mp	27,38	21,72	19,7
Treib- u. Kuppelrad-∅	mm	1400	1400	1350
Laufrad-∅, vorn	mm	850	850	–
Laufrad-∅, hinten	mm	–	–	–
Zylinder-∅	mm	3×550	600	600
Kolbenhub	mm	660	660	660
Kolbenschieber-∅	mm	300	300	220
Kesselüberdruck	kp/cm^2	16	16	14
Wasserraum des Kessels	m^3	9,45/9,65	7,75	6,29
Dampfraum des Kessels	m^3	4,60	3,0	2,15
Verdampfungs-Wasseroberfläche	m^2	13,80	10,80	8,82
Feuerrauminhalt	m^3	7,1/6,88	6,11	4,290
Größter Kessel-∅	mm	1900	1700	1598
Anzahl der Heizrohre	–	128	113	138
Heizrohr-∅	mm	54×2,5	54×2,5	51×2,5
Anzahl der Rauchrohre	–	43	35	24
Rauchrohr-∅	mm	143×4,25	133×4	133×4
Rostfläche	m^2	4,73/4,55	3,89	2,58
Strahlungsheizfläche	m^2	18,33/18,30	15,90	13,89
Rauchrohrheizfläche	m^2	105,38	71,47	42,41
Heizrohrfläche	m^2	114,29	90,46	89,74
Verdampfungsheizfläche	m^2	238,0/237,67	177,83	146,04
Überhitzerheizfläche	m^2	100,0	68,94	51,88
Achslast max.	Mp	19,3	15,2	17,6
Lokleergewicht	Mp	100,3	78,6	62,2
Lokreibungslast	Mp	95,9	75,3	69,9
Lokdienstgewicht	Mp	110,2	86,9	69,9
Fahrzeuggesamtgewicht (mit allen Vorräten)	Mp	184,8	146,4	115,4
Tender	–	2' 2' T 34 2' 2' T 32	2' 2' T 26 2' 2' T 26 Kab	3 T 16,5 (pr)
Länge über Puffer	mm	22.620	22.940	18.290
Befahrbarer Bogenhalbmesser	m	140	140	100
Befahrbarer Ablaufberghalbmesser	m	300	300	300
1. Baujahr	–	1926	1939	1912
Hersteller	–	DLV	DLV	Schichau

Baureihe	Dim	064	065	078
Bauart	–	1' C 1' h 2	1' D 2' h 2	2' C 2' h 2
Leistung	Psi	950	1480	1140
Höchstgeschw.	km/h	90/90	85/85	100/100
Zugkraft	Mp	12,32	16,01	11,5
Treib- u. Kuppelrad-∅	mm	1500	1500	1650
Laufrad-∅, vorn	mm	850	850	1000
Laufrad-∅, hinten	mm	850	850	1000
Zylinder-∅	mm	500	570	560
Kolbenhub	mm	660	660	630
Kolbenschieber-∅	mm	220	300	220
Kesselüberdruck	kp/cm^2	14	14	12
Wasserraum des Kessels	m^3	5,34/4,61	7,20	5,65
Dampfraum des Kessels	m^3	1,21	2,92	2,87
Verdampfungs-Wasseroberfläche	m^2	6,14	9,78	8,51
Feuerrauminhalt	m^3	2,80	4,93	3,870
Größter Kessel-∅	mm	1500	1770	1498
Anzahl der Heizrohre	–	114	124	134
Heizrohr-∅	mm	44,5×2,5	44,5×2,5	44,5×2,5
Anzahl der Rauchrohre	–	32	46	24
Rauchrohr-∅	mm	118×4	118×4	133×4
Rostfläche	m^2	2,04/2,06	2,67	2,35
Strahlungsheizfläche	m^2	8,70	14,80	13,04
Rauchrohrheizfläche	m^2	42,02	63,58	44,30
Heizrohrfläche	m^2	53,76	61,55	78,15
Verdampfungsheizfläche	m^2	104,48	139,93	135,49
Überhitzerheizfläche	m^2	37,34	62,90	49,20
Achslast max.	Mp	15,3/15,4	16,9	17,1
Lokleergewicht	Mp	58,0/58,5	81,2	83,2
Lokreibungslast	Mp	45,5/45,7	67,6	51,1
Lokdienstgewicht	Mp	62,9/63,2	88,5	89,5
Fahrzeuggesamtgewicht (mit allen Vorräten)	Mp	74,9/75,2	107,6	106,0
Tender	–	–	–	–
Länge über Puffer	mm	12.400/12.500	15.475	14.800
Befahrbarer Bogenhalbmesser	m	140/100	140	180
Befahrbarer Ablaufberghalbmesser	m	300	300	300
1. Baujahr	–	1926/1940	1951	1912
Hersteller		DLV	Krauss-Maffei	Borsig LW

Baureihe	Dim	082	086	094
Bauart	–	E h 2	1' D 1' h 2	E h 2
Leistung	PSi	1290	1030	1070
Höchstgeschw.	km/h	70/70	70/70 bzw. 80/80	60/60
Zugkraft	Mp	19,0	17,15	17,46
Treib- u. Kuppelrad-∅	mm	1400	1400	1350
Laufrad-∅, vorn	mm	–	850	–
Laufrad-∅, hinten	mm	–	850	–
Zylinder-∅	mm	600	570	610
Kolbenhub	mm	660	660	660
Kolbenschieber-∅	mm	300	300	220
Kesselüberdruck	kp/cm^2	14	14	12
Wasserraum des Kessels	m^3	6,30	5,10	5,41
Dampfraum des Kessels	m^3	1,70	2,10	2,20
Verdampfungs-Wasseroberfläche	m^2	8,30	8,20	8,08
Feuerrauminhalt	m^3	4,26	3,17	3,46
Größter Kessel-∅	mm	1572	1500	1500
Anzahl der Heizrohre	–	115	110	137
Heizrohr-∅	mm	44,5×2,5	44,5×2,5	44,5×2,5
Anzahl der Rauchrohre	–	38	26	22
Rauchrohr-∅	mm	118×4	133×4	133×4
Rostfläche	m^2	2,39	2,39	2,24
Strahlungsheizfläche	m^2	12,60	10,00	11,61
Rauchrohrheizfläche	m^2	52,53	45,95	38,88
Heizrohrfläche	m^2	57,08	61,42	76,50
Verdampfungsheizfläche	m^2	122,21	117,37	126,99
Überhitzerheizfläche	m^2	51,90	47,0	45,27
Achslast max.	Mp	18,9	15,6/14,9	17,2
Lokleergewicht	Mp	61,7	70,0/68,0	68,1
Lokreibungslast	Mp	91,8	60,6/59,4	84,9
Lokdienstgewicht	Mp	76,8	75,5/74,3	73,9
Fahrzeuggesamtgewicht (mit allen Vorräten)	Mp	91,8	88,5/87,3	84,9
Tender	–	–	–	–
Länge über Puffer	mm	14.060	13.820/13.920	12.660
Befahrbarer Bogenhalbmesser	m	140	140	140
Befahrbarer Ablaufberghalbmesser	m	300	300	300
1. Baujahr	–	1950	1927/1938	1914
Hersteller	–	Henschel	DLV	Schichau

001 (01)

km/h		30	40	50	60	70	80	85	90	95	100	110	120	130
Steigung		Wagengewicht in t (**D-, F- u Eilzug**) *)												
0	1:∞	—	—	—	—	—	1470	1290	1120	970	855	650	500	375
1 ⁰/₀₀	1:1000	—	—	—	—	—	1145	1010	890	780	690	530	410	310
2 ⁰/₀₀	1:500	—	—	—	—	1195	925	820	730	640	570	440	345	260
3 ⁰/₀₀	1:333	—	—	—	—	990	770	680	615	540	480	370	290	220
4 ⁰/₀₀	1:250	—	—	—	1050	835	665	585	520	455	410	315	245	185
5 ⁰/₀₀	1:200	—	1150	1060	900	715	560	505	445	395	350	270	220	155
6 ⁰/₀₀	1:166	1070	995	925	785	620	490	440	390	340	305	235	180	130
7 ⁰/₀₀	1:140	935	870	810	690	550	430	385	340	300	265	205	155	110
8 ⁰/₀₀	1:125	830	770	720	610	485	380	340	300	260	230	175	130	90
10 ⁰/₀₀	1:100	665	620	580	495	390	300	265	235	205	180	130	95	60
14 ⁰/₀₀	1:70	460	430	400	340	260	195	170	150	125	105	70	—	—
20 ⁰/₀₀	1:50	290	270	250	205	150	105	85	—	—	—	—	—	—
25 ⁰/₀₀	1:40	205	190	175	140	95	—	—	—	—	—	—	—	—

Einheitslokomotive, Baureihe 01

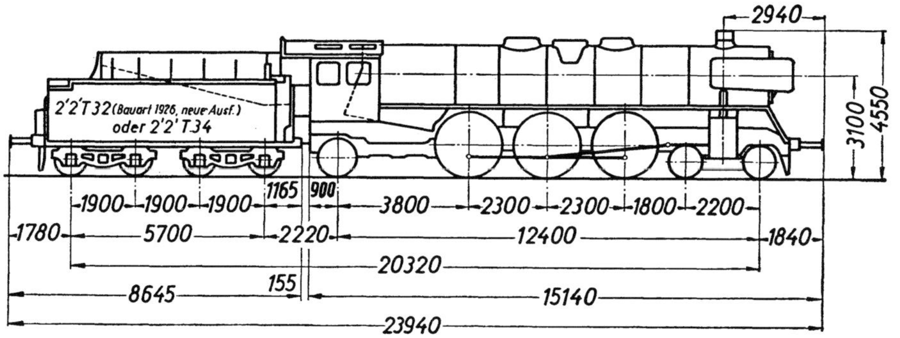

km/h			20	30	40	50	60	70	75	80	85			
Steigung		Wagengewicht in t (**Personenzug**) *)												
0	1:∞		—	—	—	—	—	—	—	1305	1155			
1 ⁰/₀₀	1:1000		—	—	—	—	—	—	1190	1040	930			
2 ⁰/₀₀	1:500		—	—	—	—	—	1115	975	855	755			
3 ⁰/₀₀	1:333		—	—	—	—	—	930	820	720	645			
4 ⁰/₀₀	1:250		—	—	—	—	1010	790	700	615	550			
5 ⁰/₀₀	1:200		—	—	1130	1035	870	685	605	530	480			
6 ⁰/₀₀	1:166		1130	1060	980	900	760	600	530	465	420			
7 ⁰/₀₀	1:140		990	930	860	795	670	540	465	410	370			
8 ⁰/₀₀	1:125		875	820	765	705	595	470	415	355	325			
10 ⁰/₀₀	1:100		705	660	615	570	480	380	330	290	260			
14 ⁰/₀₀	1:70		490	460	425	395	330	255	220	190	165			
20 ⁰/₀₀	1:50		315	290	265	250	205	155	130	100	85			
25 ⁰/₀₀	1:40		220	205	190	175	135	95	—	—	—			

*) Leistungstafel auf Grund von Versuchsfahrten aufgestellt.

011 (01^{10})

km/h		30	40	50	60	70	80	85	90	95	100	110	120	130
Steigung		Wagengewicht in t (**D-, F- u Eilzug**)												
0	1:∞	—	—	—	—	—	1470	1290	1120	970	855	650	500	375
$1^{0}/_{00}$	1:1000	—	—	—	—	—	1145	1010	890	780	690	530	410	310
$2^{0}/_{00}$	1:500	—	—	—	—	1195	925	820	730	640	570	440	345	260
$3^{0}/_{00}$	1:333	—	—	—	—	990	770	680	615	540	480	370	290	220
$4^{0}/_{00}$	1:250	—	—	—	1050	835	665	585	520	455	410	315	245	185
$5^{0}/_{00}$	1:200	—	1150	1060	900	715	560	505	445	395	350	270	220	155
$6^{0}/_{00}$	1:166	1070	995	925	785	620	490	440	390	340	305	235	180	130
$7^{0}/_{00}$	1:140	935	870	810	690	550	430	385	340	300	265	205	155	110
$8^{0}/_{00}$	1:125	830	770	720	610	485	380	340	300	260	230	175	130	90
$10^{0}/_{00}$	1:100	665	620	580	495	390	300	265	235	205	180	130	95	60
$14^{0}/_{00}$	1:70	460	430	400	340	260	195	170	150	125	105	70	—	—
$20^{0}/_{00}$	1:50	290	270	250	205	150	105	85	—	—	—	—	—	—
$25^{0}/_{00}$	1:40	205	190	175	140	95	—	—	—	—	—	—	—	—

Einheitslokomotive, Baureihe 01^{10},

nach Abbau der Stromlinienverkleidung Werte wie 01 Lok

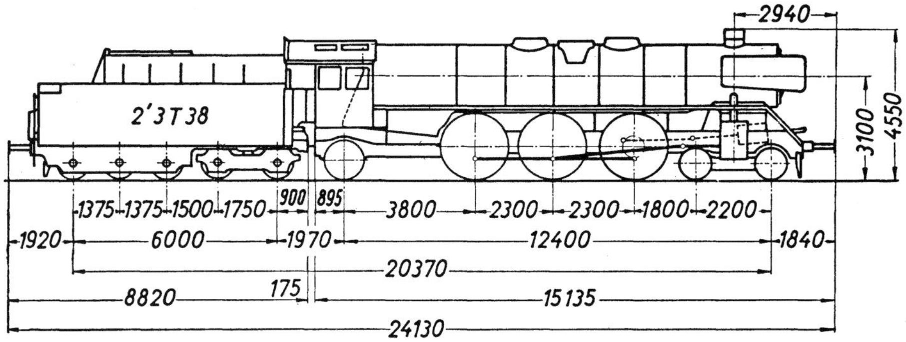

km/h			20	30	40	50	60	70	75	80	85			
Steigung		Wagengewicht in t (**Personenzug**)												
0	1:∞		—	—	—	—	—	—	—	1305	1155			
$1^{0}/_{00}$	1:1000		—	—	—	—	—	—	1190	1040	930			
$2^{0}/_{00}$	1:500		—	—	—	—	—	1115	975	855	755			
$3^{0}/_{00}$	1:333		—	—	—	—	—	930	820	720	645			
$4^{0}/_{00}$	1:250		—	—	—	—	1010	790	700	615	550			
$5^{0}/_{00}$	1:200		—	—	1130	1035	870	685	605	530	480			
$6^{0}/_{00}$	1:166		1130	1060	980	900	760	600	530	465	420			
$7^{0}/_{00}$	1:140		990	930	860	795	670	540	465	410	370			
$8^{0}/_{00}$	1:125		875	820	765	705	595	470	415	355	325			
$10^{0}/_{00}$	1:100		705	660	615	570	480	380	330	290	260			
$14^{0}/_{00}$	1:70		490	460	425	395	330	255	220	190	165			
$20^{0}/_{00}$	1:50		315	290	265	250	205	155	130	100	85			
$25^{0}/_{00}$	1:40		220	205	190	175	135	95	—	—	—			

km/h	30	40	50	60	70	80	85	90	95	100	110	120	130
Steigung	Wagengewicht in t (**D-, F- u Eilzug**) *)												
0 1:∞	—	—	—	—	—	1350	1190	1045	910	790	565	430	300
1‰ 1:1000	—	—	—	—	—	1015	890	790	690	605	435	325	230
2‰ 1:500	—	—	—	—	1000	790	710	625	550	480	345	255	175
3‰ 1:333	—	—	—	1020	815	645	570	505	445	385	280	205	135
4‰ 1:250	—	—	1055	850	675	530	475	420	365	320	225	160	100
5‰ 1:200	—	1045	900	720	570	475	400	350	310	265	185	135	—
6‰ 1:166	940	905	775	620	495	395	345	300	260	225	150	100	—
7‰ 1:140	830	780	680	540	430	335	295	255	220	190	120	85	—
8‰ 1:125	720	700	600	475	375	290	255	220	190	160	100	—	—
10‰ 1:100	585	560	480	380	295	225	195	165	140	115	—	—	—
14‰ 1:70	405	385	325	250	190	160	115	95	—	—	—	—	—
20‰ 1:50	270	250	195	145	95	—	—	—	—	—	—	—	—
25‰ 1:40	180	170	130	90	—	—	—	—	—	—	—	—	—

Einheitslokomotive, Baureihe 03

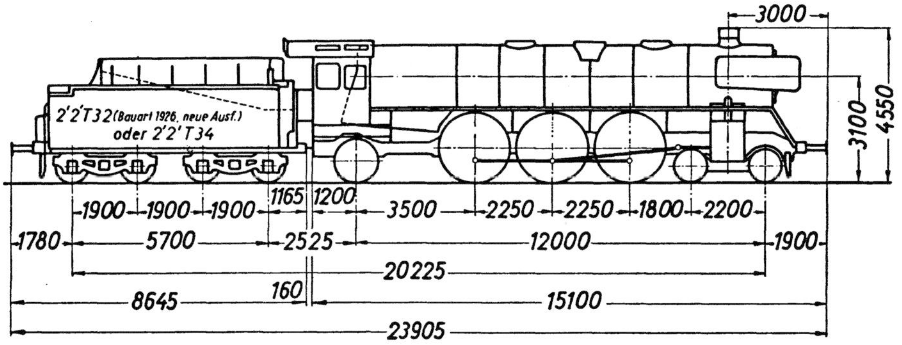

km/h	20	30	40	50	60	65	70	75	80	85			
Steigung	Wagengewicht in t (**Personenzug**) *)												
0 1:∞	—	—	—	—	—	—	—	1210	1040	900			
1‰ 1:1000	—	—	—	—	—	—	1090	950	825	720			
2‰ 1:500	—	—	—	—	—	1000	880	770	675	590			
3‰ 1:333	—	—	—	—	940	825	730	645	565	495			
4‰ 1:250	—	—	—	1010	795	695	620	545	480	425			
5‰ 1:200	—	1100	1025	865	680	600	520	470	415	365			
6‰ 1:166	1005	950	885	750	590	520	465	410	360	315			
7‰ 1:140	880	830	780	660	520	455	410	360	315	275			
8‰ 1:125	775	735	690	585	460	405	360	315	275	255			
10‰ 1:100	620	590	555	470	370	325	285	250	215	190			
14‰ 1:70	430	405	385	320	245	215	185	160	135	115			
20‰ 1:50	270	255	240	195	135	120	100	—	—	—			
25‰ 1:40	190	180	170	135	90	—	—	—	—	—			

*) Leistungstafel auf Grund von Versuchsfahrten aufgestellt.

10 (10)

km/h		30	40	50	60	70	80	85	90	95	100	110	120	130
Steigung		Wagengewicht in t (**D-, F- u Eilzug**)												
0	1:∞	—	—	—	—	—	—	—	—	970	855	650	500	375
1‰	1:1000	—	—	—	—	—	—	—	890	780	690	530	410	310
2‰	1:500	—	—	—	—	—	925	820	730	640	570	440	345	260
3‰	1:333	—	—	—	—	990	770	680	615	540	480	370	290	220
4‰	1:250	—	—	—	—	835	665	585	520	455	410	315	245	185
5‰	1:200	—	—	—	900	715	560	505	445	395	350	270	220	155
6‰	1:166	—	955	925	785	620	490	440	390	340	305	235	180	130
7‰	1:140	935	870	810	690	550	430	385	340	300	265	205	155	110
8‰	1:125	830	770	720	610	485	380	340	300	260	230	175	130	90
10‰	1:100	665	620	580	495	390	300	265	235	205	180	130	95	60
14‰	1:70	460	430	400	340	260	195	170	150	125	105	70	—	—
20‰	1:50	290	270	250	205	150	105	85	—	—	—	—	—	—
25‰	1:40	205	190	175	140	95	—	—	—	—	—	—	—	—

Einheitslokomotive, Baureihe 10

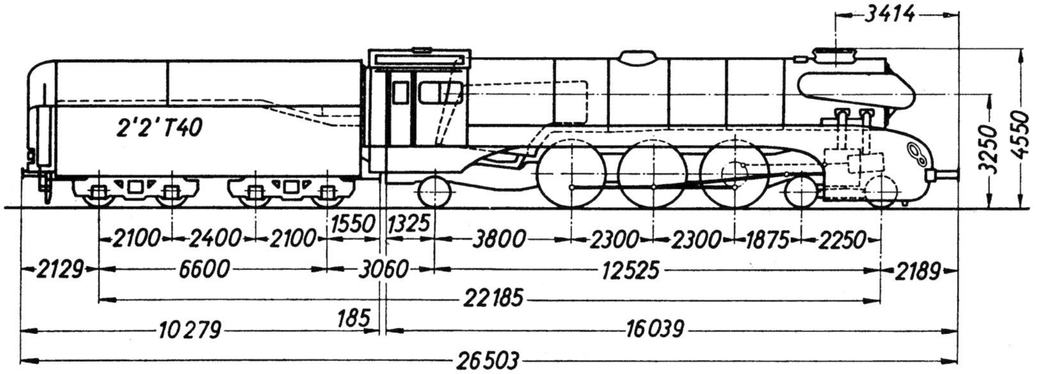

km/h			20	30	40	50	60	70	80	85				
Steigung		Wagengewicht in t (**Personenzug**)												
0	1:∞		—	—	—	—	—	—	—	—	—			
1‰	1:1000		—	—	—	—	—	—	—	—	930			
2‰	1:500		—	—	—	—	—	—	975	855	755			
3‰	1:333		—	—	—	—	—	930	820	720	645			
4‰	1:250		—	—	—	—	—	790	700	615	550			
5‰	1:200		—	—	—	—	870	685	605	530	480			
6‰	1:166		—	—	980	900	760	600	530	465	420			
7‰	1:140		990	930	860	795	670	540	546	410	370			
8‰	1:125		875	820	765	705	595	470	415	355	325			
10‰	1:100		705	660	615	570	480	380	330	290	260			
14‰	1:70		490	460	425	395	330	255	220	190	165			
20‰	1:50		315	290	265	250	205	155	130	100	85			
25‰	1:40		220	205	190	175	135	95	—	—	—			

km/h		35	40	45	50	55	60	65	70	75	80	90	100	110
Steigung		Wagengewicht in t (**D-, F- u Eilzug**) *)												
0	1:∞	—	—	—	—	—	—	—	—	—	—	1090	790	580
1‰	1:1000	—	—	—	—	—	—	—	—	1160	1030	800	600	450
2‰	1:500	—	—	—	—	—	—	1140	1030	900	805	625	480	355
3‰	1:333	—	—	—	—	—	1050	935	835	740	660	510	390	290
4‰	1:250	—	—	—	1100	980	875	785	700	620	550	425	325	240
5‰	1:200	—	—	1070	945	840	750	670	600	530	470	360	275	200
6‰	1:166	—	1050	920	820	730	650	580	515	455	405	310	235	170
7‰	1:140	1040	920	815	720	640	570	505	450	400	350	270	200	140
8‰	1:125	925	820	720	640	570	505	450	400	350	310	235	175	120
10‰	1:100	750	665	585	515	455	405	360	320	280	245	180	130	85
14‰	1:70	540	470	410	360	315	280	240	210	180	155	115	—	—
20‰	1:50	360	310	265	230	195	170	145	125	100	85	—	—	—
25‰	1:40	280	230	195	165	140	115	100	—	—	—	—	—	—

Einheitslokomotive, Baureihe 23 (Baujahr 1950)

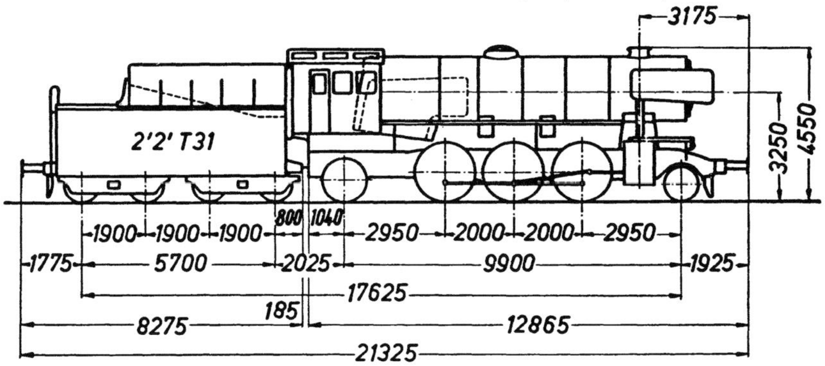

km/h		30	35	40	45	50	55	60	65	70	75	80	85	90
Steigung		Wagengewicht in t (**Personenzug**) *)												
0	1:∞	—	—	—	—	—	—	—	—	—	1220	1040	895	765
1‰	1:1000	—	—	—	—	—	—	—	—	1105	965	830	720	620
2‰	1:500	—	—	—	—	—	—	1170	1025	900	790	685	600	515
3‰	1:333	—	—	—	—	—	1100	970	855	750	660	575	505	440
4‰	1:250	—	—	—	—	1055	930	820	725	640	565	490	435	375
5‰	1:200	—	—	—	1030	910	800	710	625	555	490	425	375	325
6‰	1:166	—	—	1025	900	790	700	620	550	485	430	375	330	285
7‰	1:140	1040	1025	905	790	700	620	550	485	430	380	330	290	250
8‰	1:125	930	915	805	705	625	550	490	430	380	340	295	260	220
10‰	1:100	755	750	660	575	505	450	395	350	330	270	235	205	175
14‰	1:70	540	535	470	410	355	315	275	240	210	185	155	135	110
20‰	1:50	360	355	310	265	230	200	170	145	125	105	85	70	55
25‰	1:40	270	265	230	195	165	140	115	100	80	—	—	—	—

*) Leistungstafel auf Grund von Versuchsfahrten aufgestellt.

km/h		20	30	40	50	60	65	70	75	80	85	90		
Steigung		Wagengewicht in t (**D-, F- u Eilzug**) *)												
0	1:∞	—	—	—	—	—	945	805	680	575	485	410		
1‰	1:1000	—	—	—	—	820	705	630	535	440	375	320		
2‰	1:500	—	—	—	840	645	560	485	415	355	305	255		
3‰	1:333	—	—	890	680	525	455	395	340	290	250	210		
4‰	1:250	—	995	740	570	440	380	330	285	245	210	175		
5‰	1:200	—	845	630	485	375	325	280	245	205	175	150		
6‰	1:166	965	730	545	415	320	280	245	210	175	150	125		
7‰	1:140	850	645	480	370	280	245	210	180	150	130	105		
8‰	1:125	755	570	425	325	250	215	185	160	130	110	—		
10‰	1:100	615	465	345	260	195	170	145	120	100	—	—		
14‰	1:70	440	330	235	175	130	110	90	—	—	—	—		
20‰	1:50	295	215	150	105	—	—	—	—	—	—	—		
25‰	1:40	225	160	105	—	—	—	—	—	—	—	—		

Einheitslokomotive, Baureihe 24

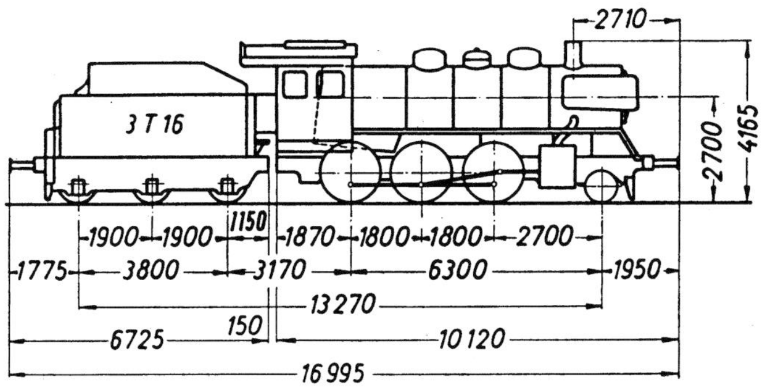

km/h		20	30	40	50	60	65	70	75	80	85	90		
Steigung		Wagengewicht in t (**Personenzug**) *)												
0	1:∞	—	—	—	—	—	855	720	610	515	430	350		
1‰	1:1000	—	—	—	—	750	650	555	475	405	340	280		
2‰	1:500	—	—	—	800	595	520	445	385	330	275	230		
3‰	1:333	—	—	880	655	490	425	365	315	270	230	180		
4‰	1:250	—	1000	725	550	410	360	305	265	225	190	130		
5‰	1:200	—	840	625	470	350	305	260	225	195	160	110		
6‰	1:166	955	725	535	405	300	265	225	195	165	140	—		
7‰	1:140	845	635	470	355	265	230	195	170	140	120	—		
8‰	1:125	750	570	420	315	230	205	170	145	125	100	—		
10‰	1:100	610	460	335	250	180	155	130	110	—	—	—		
14‰	1:70	435	320	230	170	120	—	—	—	—	—	—		
20‰	1:50	290	210	145	—	—	—	—	—	—	—	—		
25‰	1:40	220	150	—	—	—	—	—	—	—	—	—		

*) Leistungstafel auf Grund von Versuchsfahrten aufgestellt.

km/h		30	40	50	60	65	70	75	80	85	90	95	100
Steigung		Wagengewicht in t (**D-, F- u Eilzug**) *)											
0 1:∞		—	—	—	—	—	950	800	705	590	510	420	365
1‰ 1:1000		—	—	—	—	835	720	620	540	460	400	330	290
2‰ 1:500		—	—	—	760	655	575	495	435	370	320	265	230
3‰ 1:333		—	—	800	620	535	465	405	355	300	265	215	190
4‰ 1:250		—	880	665	515	445	385	335	295	250	220	180	155
5‰ 1:200		—	750	565	440	380	330	285	250	210	185	150	130
6‰ 1:166		880	645	490	375	325	280	245	210	180	155	125	105
7‰ 1:140		770	565	425	325	285	245	210	185	155	130	105	90
8‰ 1:125		685	500	375	290	250	205	185	160	130	120	—	—
10‰ 1:100		555	400	300	225	195	165	140	120	95	—	—	—
14‰ 1:70		390	275	200	145	120	100	—	—	—	—	—	—
20‰ 1:50		255	170	115	—	—	—	—	—	—	—	—	—
25‰ 1:40		185	120	—	—	—	—	—	—	—	—	—	—

P 8 (pr), Baureihe 38^{10-40}

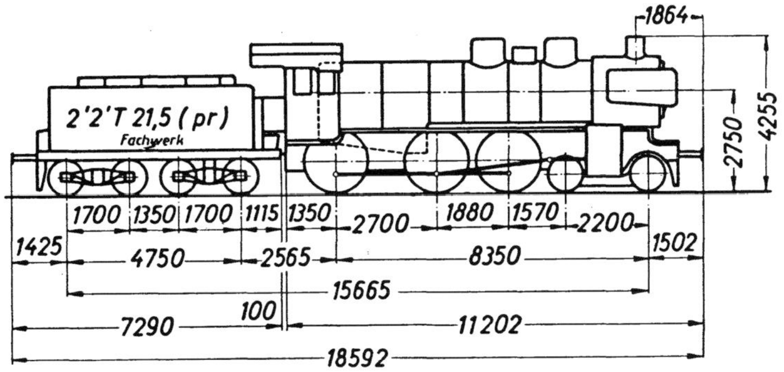

km/h	20	30	40	50	60	65	70	75	80	85	90	95	100
Steigung	Wagengewicht in t (**Personenzug**) *)												
0 1:∞	—	—	—	—	1205	1015	860	730	625	520	450	365	320
1‰ 1:1000	—	—	—	1220	910	775	665	565	490	415	360	290	255
2‰ 1:500	—	—	—	955	720	620	535	460	400	335	290	240	210
3‰ 1:333	—	—	1040	775	590	510	440	380	330	280	245	195	170
4‰ 1:250	—	—	865	650	495	425	370	320	280	235	205	165	145
5‰ 1:200	1190	1010	740	550	425	365	315	270	240	200	175	140	120
6‰ 1:166	1030	875	690	480	365	315	270	235	200	170	145	115	100
7‰ 1:140	905	765	560	420	320	275	235	200	175	145	125	100	—
8‰ 1:125	800	680	495	370	280	240	205	175	150	125	105	—	—
10‰ 1:100	650	550	400	295	220	190	160	135	115	—	—	—	—
14‰ 1:70	460	390	275	195	145	120	100	80	—	—	—	—	—
20‰ 1:50	300	255	170	115	75	—	—	—	—	—	—	—	—
25‰ 1:40	220	185	120	75	—	—	—	—	—	—	—	—	—

*) Leistungstafel auf Grund von Versuchsfahrten aufgestellt.

042 (41 Öl)

km/h	20 18t	20 20t	30*)	40*)	50*)	60*)	70*)	80*)	90*)
Steigung	Wagengewicht in t (**D-, F- u Eilzug**) **)								
0 1:∞	—	—	—	—	—	—	—	—	1080
$1^0/_{00}$ 1:1000	—	—	—	—	—	—	—	1050	820
$2^0/_{00}$ 1:500	—	—	—	—	—	—	1040	820	645
$3^0/_{00}$ 1:333	—	—	—	—	—	1065	845	665	525
$4^0/_{00}$ 1:250	—	—	—	—	1140	885	700	550	435
$5^0/_{00}$ 1:200	—	—	—	—	970	750	590	470	365
$6^0/_{00}$ 1:166	—	—	—	1100	840	650	510	400	310
$7^0/_{00}$ 1:140	—	—	—	965	740	565	440	345	265
$8^0/_{00}$ 1:125	1145	1300	1125	855	650	495	390	300	230
$10^0/_{00}$ 1:100	935	1070	820	690	520	395	300	230	170
$14^0/_{00}$ 1:70	670	760	660	485	355	260	230	140	—
$20^0/_{00}$ 1:50	440	510	435	310	220	150	140	—	—
$25^0/_{00}$ 1:40	330	385	325	225	150	—	—	—	—

Einheitslokomotive, Baureihe 41

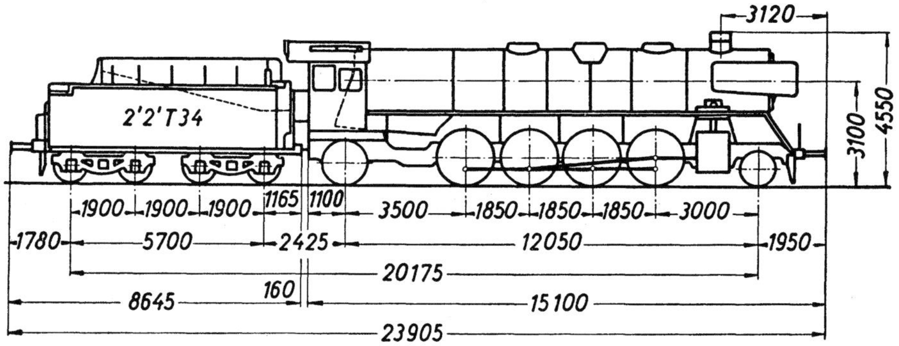

km/h	25 18t	25 20t	30*)	35*)	40*)	45*)	50*)	55*)	60*)	70*)	80*)	90*)
Steigung	Wagengewicht in t (**Personenzug**) **)											
0 1:∞	—	—	—	—	—	—	—	—	—	—	1075	800
$1^0/_{00}$ 1:1000	—	—	—	—	—	—	—	—	—	1130	850	645
$2^0/_{00}$ 1:500	—	—	—	—	—	—	—	—	1190	910	700	530
$3^0/_{00}$ 1:333	—	—	—	—	—	—	—	1120	980	755	580	450
$4^0/_{00}$ 1:250	—	—	—	—	—	—	1090	945	825	640	495	380
$5^0/_{00}$ 1:200	—	—	—	—	—	1080	935	810	710	550	430	330
$6^0/_{00}$ 1:166	—	—	—	—	1080	940	815	700	615	480	370	285
$7^0/_{00}$ 1:140	—	—	—	1095	950	825	715	620	540	420	325	250
$8^0/_{00}$ 1:125	—	—	1130	980	845	735	635	550	480	370	285	215
$10^0/_{00}$ 1:100	930	1055	920	795	685	595	515	440	385	295	225	165
$14^0/_{00}$ 1:70	660	755	655	560	480	415	355	300	260	195	140	100
$20^0/_{00}$ 1:50	440	505	435	370	310	265	220	180	150	105	—	—
$25^0/_{00}$ 1:40	330	385	330	270	225	185	150	120	95	—	—	—

*) Gilt für 18t- und 20t-Kuppelachsdruck.
**) Leistungstafel auf Grund von Versuchsfahrten aufgestellt.

km/h	20	25	30	35	40	45	50	55	60	65	70	75	80
Steigung	Wagengewicht in t (**Eilgüterzug**) *)												
0 1:∞	—	—	—	—	—	—	—	2500	2110	1780	1510	1280	1100
$1^0/_{00}$ 1:1000	—	—	—	—	—	—	2220	1900	1630	1390	1190	1020	890
$2^0/_{00}$ 1:500	—	—	—	—	2330	2060	1760	1520	1310	1130	980	840	740
$3^0/_{00}$ 1:333	—	—	—	2320	1970	1690	1450	1250	1090	940	820	710	620
$4^0/_{00}$ 1:250	—	—	2300	1940	1630	1420	1220	1060	930	800	700	610	530
$5^0/_{00}$ 1:200	—	—	1970	1660	1420	1220	1050	920	800	700	610	530	460
$6^0/_{00}$ 1:166	2240	2060	1720	1450	1240	1070	920	800	700	610	530	460	410
$7^0/_{00}$ 1:140	1975	1825	1510	1280	1090	940	810	710	620	540	470	410	360
$8^0/_{00}$ 1:125	1765	1630	1350	1140	980	840	720	630	550	480	420	360	320
$10^0/_{00}$ 1:100	1450	1335	1110	930	800	680	590	510	450	390	340	290	250
$14^0/_{00}$ 1:70	1095	970	800	670	570	480	410	350	310	260	230	190	160
$20^0/_{00}$ 1:50	715	660	540	450	370	310	260	220	190	160	130	100	—
$25^0/_{00}$ 1:40	550	510	410	330	270	230	190	150	120	100	—	—	—

Einheitslokomotive, Baureihe 44

(44 001 — 010 mit 2' 2' T 32, Bauart 1925))**

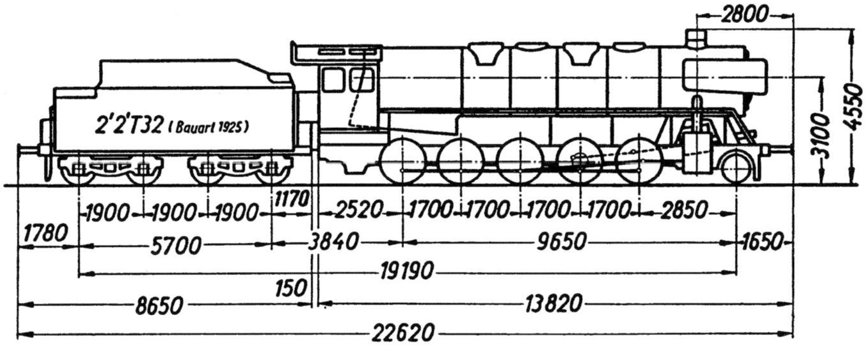

km/h	20	25	30	35	40	45	50	55	60	65	70	75	80
Steigung	Wagengewicht in t (**Güterzug**) *)												
0 1:∞	—	—	—	—	—	—	—	2300	1930	1610	1380	1140	970
$1^0/_{00}$ 1:1000	—	—	—	—	—	2500	2100	1780	1510	1280	1110	930	800
$2^0/_{00}$ 1:500	—	—	—	—	2340	1980	1680	1440	1230	1050	920	780	680
$3^0/_{00}$ 1:333	—	—	—	2270	1920	1630	1390	1200	1030	890	780	660	580
$4^0/_{00}$ 1:250	—	—	2270	1900	1600	1380	1180	1020	880	760	670	570	500
$5^0/_{00}$ 1:200	—	—	1950	1640	1390	1190	1020	880	770	660	580	500	440
$6^0/_{00}$ 1:166	2230	2040	1700	1430	1220	1040	890	780	670	580	510	440	380
$7^0/_{00}$ 1:140	1960	1810	1500	1260	1080	920	790	690	600	520	450	390	340
$8^0/_{00}$ 1:125	1750	1620	1340	1130	960	820	710	610	530	460	410	350	300
$10^0/_{00}$ 1:100	1440	1330	1100	920	790	670	580	500	440	380	330	280	240
$14^0/_{00}$ 1:70	1040	960	790	660	560	480	410	350	300	260	220	190	160
$20^0/_{00}$ 1:50	715	660	540	440	370	310	260	220	180	150	130	100	—
$25^0/_{00}$ 1:40	550	510	410	330	270	220	180	150	120	100	—	—	—

*) Leistungstafel auf Grund von Versuchsfahrten aufgestellt.
**) Gültig auch für Werte der Seite 164.

050 (50)

km/h		25	30	35	40	45	50	55	60	65	70	75	80
Steigung	Wagengewicht in t (**Eilgüterzug**) *)												
0 1:∞		—	—	—	—	2575	2160	1815	1525	1270	1070	900	755
1‰ 1:1000		—	—	—	2245	1890	1610	1370	1170	990	845	715	605
2‰ 1:500		—	2410	2050	1740	1480	1270	1090	940	800	685	590	500
3‰ 1:333		2360	1940	1660	1415	1210	1045	900	780	665	575	495	420
4‰ 1:250		1960	1620	1385	1185	1015	880	760	660	565	490	420	360
5‰ 1:200		1675	1380	1185	1015	870	755	655	570	490	420	365	310
6‰ 1:166		1455	1200	1030	885	760	660	570	495	425	370	315	270
7‰ 1:140		1285	1060	910	780	670	580	505	440	375	325	280	235
8‰ 1:125		1145	945	810	695	595	515	445	390	330	285	245	205
10‰ 1:100		940	770	660	565	480	415	360	310	265	225	190	160
14‰ 1:70		675	550	465	395	335	290	245	210	175	145	120	100
20‰ 1:50		455	370	305	255	215	180	150	120	100	—	—	—
25‰ 1:40		345	275	225	185	150	125	100	—	—	—	—	—

Einheitslokomotive, Baureihe 50

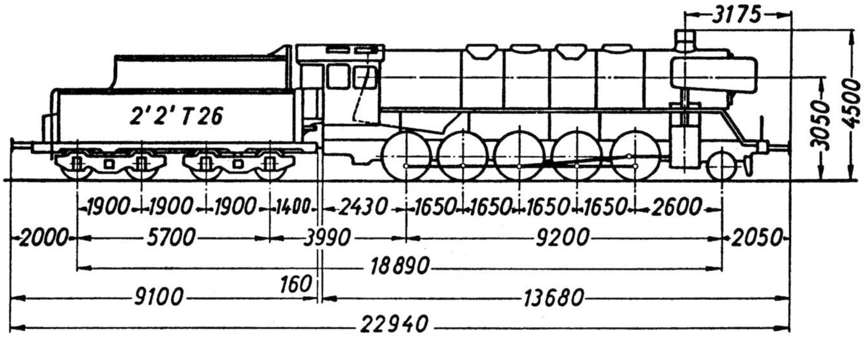

km/h	15	25	30	35	40	45	50	55	60	65	70	75	80
Steigung	Wagengewicht in t (**Güterzug**) *)												
0 1:∞	—	—	—	—	—	2410	2000	1670	1390	1150	960	800	670
1‰ 1:1000	—	—	—	—	2150	1800	1520	1285	1085	910	770	650	550
2‰ 1:500	—	—	2360	1995	1685	1425	1215	1035	885	750	640	540	460
3‰ 1:333	—	2325	1910	1620	1380	1170	1000	860	740	630	540	460	390
4‰ 1:250	—	1940	1595	1360	1160	985	850	730	630	540	460	395	335
5‰ 1:200	1885	1660	1365	1165	995	850	735	630	545	465	400	340	290
6‰ 1:166	1640	1440	1190	1015	865	740	640	555	480	410	350	300	255
7‰ 1:140	1440	1275	1050	895	765	655	565	490	420	360	310	265	225
8‰ 1:125	1290	1140	935	800	690	585	505	435	375	320	275	235	195
10‰ 1:100	1050	930	765	650	555	475	410	350	305	260	220	185	155
14‰ 1:70	760	670	545	465	390	330	285	240	205	170	145	120	100
20‰ 1:50	515	455	365	305	255	210	175	145	120	100	—	—	—
25‰ 1:40	395	345	275	225	185	150	120	100	—	—	—	—	—

*) Leistungstafel auf Grund von Versuchsfahrten aufgestellt.

km/h														
Steigung		Wagengewicht in t												
0	1:∞													
1‰	1:1000													
2‰	1:500													
3‰	1:333													
4‰	1:250													
5‰	1:200													
6‰	1:166													
7‰	1:140													
8‰	1:125													
10‰	1:100													
14‰	1:70													
20‰	1:50													
25‰	1:40													

G 8^1 (pr), Baureihe 55^{25-56}

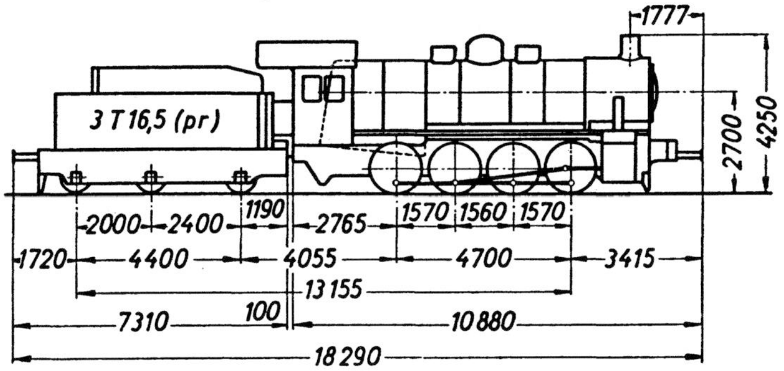

km/h			20	25	30	35	40	45	50	55				
Steigung		Wagengewicht in t (**Güterzug**) *)												
0	1:∞		—	—	—	—	—	—	1730	1400				
1‰	1:1000		—	—	—	—	1900	1560	1300	1080				
2‰	1:500		—	—	—	1740	1460	1240	1050	865				
3‰	1:333		—	1950	1650	1410	1200	1020	860	720				
4‰	1:250		1895	1600	1375	1175	1020	870	730	610				
5‰	1:200		1620	1375	1175	1020	870	740	625	525				
6‰	1:166		1400	1200	1025	885	760	645	550	465				
7‰	1:140		1240	1050	905	775	670	570	485	405				
8‰	1:125		1110	940	800	695	600	515	440	365				
10‰	1:100		910	770	670	570	490	420	360	295				
14‰	1:70		655	560	475	405	350	295	250	200				
20‰	1:50		450	375	320	275	230	190	160	125				
25‰	1:40		345	285	240	200	170	140	105	—				

*) Leistungstafel auf Grund von Versuchsfahrten aufgestellt.

km/h			30	40	50	55	60	65	70	75	80	85	90
Steigung	Wagengewicht in t (**D-, F- u Eilzug**) *)												
0 1:∞			—	—	—	1245	1110	945	815	695	605	510	450
$1^0/_{00}$ 1:1000			—	—	1100	915	825	715	620	540	470	400	355
$2^0/_{00}$ 1:500			—	1130	855	715	650	570	495	430	380	325	290
$3^0/_{00}$ 1:333			—	915	700	585	535	470	410	360	320	270	240
$4^0/_{00}$ 1:250			1020	760	585	490	450	395	345	305	270	230	205
$5^0/_{00}$ 1:200			820	650	500	420	385	340	300	260	230	200	175
$6^0/_{00}$ 1:166			760	565	435	365	335	295	260	230	200	170	155
$7^0/_{00}$ 1:140			670	500	385	320	295	260	230	200	175	150	135
$8^0/_{00}$ 1:125			600	445	340	285	265	230	200	175	155	135	120
$10^0/_{00}$ 1:100			490	360	280	230	210	185	160	140	125	105	90
$14^0/_{00}$ 1:70			350	260	195	160	145	125	110	95	—	—	—
$20^0/_{00}$ 1:50			240	170	125	100	90	—	—	—	—	—	—
$25^0/_{00}$ 1:40			180	125	90	—	—	—	—	—	—	—	—

Einheitslokomotive, Baureihe 64

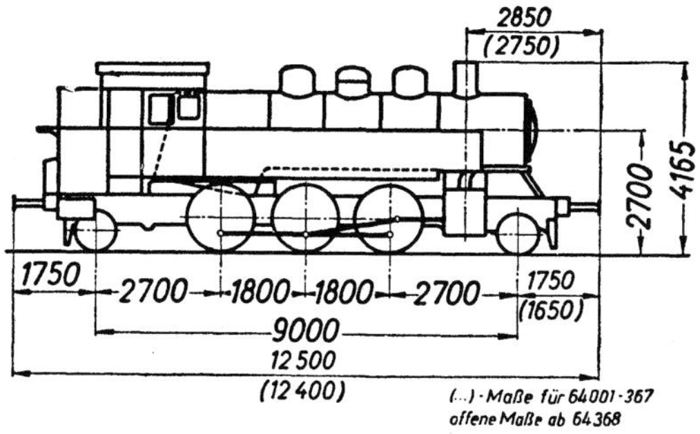

km/h		20	30	40	50	55	60	65	70	75	80	85	
Steigung	Wagengewicht in t (**Personenzug**) *)												
0 1:∞		—	—	—	—	—	—	860	730	625	525	450	
$1^0/_{00}$ 1:1000		—	—	—	—	860	770	660	570	490	420	360	
$2^0/_{00}$ 1:500		—	—	—	820	680	615	535	445	400	345	300	
$3^0/_{00}$ 1:333		—	—	890	670	560	510	445	370	335	290	250	
$4^0/_{00}$ 1:250		—	—	745	565	475	435	375	315	285	245	215	
$5^0/_{00}$ 1:200		—	860	640	485	405	370	325	270	245	210	185	
$6^0/_{00}$ 1:166		935	750	555	425	355	325	280	235	215	185	165	
$7^0/_{00}$ 1:140		825	650	490	375	310	285	250	210	190	165	140	
$8^0/_{00}$ 1:125		735	590	440	330	275	255	220	185	170	145	125	
$10^0/_{00}$ 1:100		605	480	355	270	225	205	180	160	135	115	—	
$14^0/_{00}$ 1:70		435	345	255	190	155	140	120	105	—	—	—	
$20^0/_{00}$ 1:50		300	235	165	120	—	—	—	—	—	—	—	
$25^0/_{00}$ 1:40		230	175	125	—	—	—	—	—	—	—	—	

*) Leistungstafel auf Grund von Versuchsfahrten aufgestellt.

km/h		25	30	35	40	45	50	55	60	65	70	75	80	85
Steigung		Wagengewicht in t (**Personenzug**)												
0	1:∞	—	—	—	—	—	—	—	—	—	—	940	800	680
1‰	1:1000	—	—	—	—	—	—	—	—	1000	860	740	640	550
2‰	1:500	—	—	—	—	—	—	1055	920	800	700	610	525	450
3‰	1:333	—	—	—	—	—	990	870	760	670	580	510	440	385
4‰	1:250	—	—	—	—	950	835	735	650	570	495	435	380	330
5‰	1:200	—	—	—	940	820	720	630	555	490	430	380	330	285
6‰	1:166	—	—	950	820	715	625	550	485	430	375	330	290	250
7‰	1:140	—	990	840	725	630	555	490	430	380	335	290	255	220
8‰	1:125	1050	885	750	645	565	495	435	385	340	295	260	225	195
10‰	1:100	865	725	615	530	460	400	355	310	275	240	210	180	155
14‰	1:70	630	520	440	375	325	285	250	215	190	165	140	120	100
20‰	1:50	430	355	295	250	215	185	160	135	115	100	—	—	—
25‰	1:40	335	270	225	185	155	135	110	—	—	—	—	—	—

Einheitslokomotive, Baureihe 65

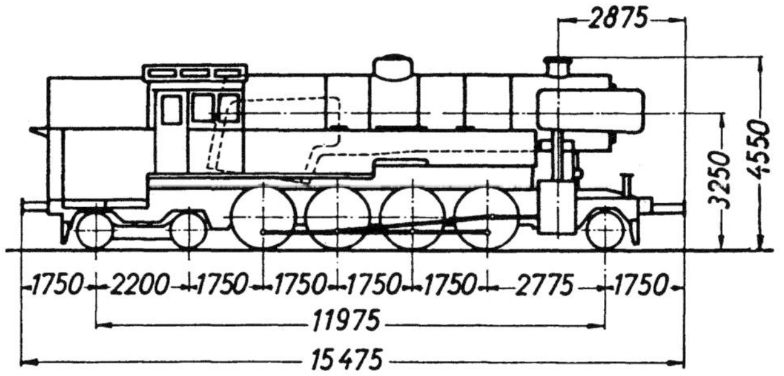

km/h		25	30	35	40	45	50	55	60	65	70	75	80	85
Steigung		Wagengewicht in t (**Güterzug**)												
0	1:∞	—	—	—	—	—	—	—	1285	1080	910	765	645	545
1‰	1:1000	—	—	—	—	—	—	1180	1010	865	735	625	535	455
2‰	1:500	—	—	—	—	—	1115	960	825	710	610	525	450	385
3‰	1:333	—	—	—	—	1070	925	800	695	600	520	450	385	330
4‰	1:250	—	—	—	1055	910	785	685	595	520	450	390	335	290
5‰	1:200	—	—	1065	910	785	680	595	520	455	395	340	295	255
6‰	1:166	—	1100	930	795	685	600	525	460	400	345	300	260	225
7‰	1:140	1165	975	825	705	610	530	465	405	355	310	270	230	200
8‰	1:125	1040	870	735	630	545	475	415	365	320	275	240	210	180
10‰	1:100	855	715	605	510	445	390	340	300	260	225	190	170	145
14‰	1:70	620	520	435	370	320	275	240	210	180	155	135	115	—
20‰	1:50	430	350	295	245	210	180	155	130	110	—	—	—	—
25‰	1:40	330	270	220	185	155	130	110	—	—	—	—	—	—

078 (78)

km/h		30	40	45	50	55	60	65	70	75	80	85	90	100
Steigung		Wagengewicht in t (**D-Zug**) *)												
0	1:∞	—	—	—	—	1535	1315	1120	970	830	705	600	510	365
1‰	1:1000	—	—	1495	1290	1120	975	840	730	635	545	480	400	300
2‰	1:500	—	1315	1150	1000	875	765	665	585	510	440	390	325	245
3‰	1:333	1425	1060	930	810	710	625	545	480	420	360	315	270	200
4‰	1:250	1180	885	775	675	595	525	455	405	350	305	270	230	180
5‰	1:200	1010	755	660	575	510	445	390	345	300	260	225	195	150
6‰	1:166	875	650	570	500	440	385	335	300	260	225	195	165	120
7‰	1:140	770	575	500	440	385	340	295	260	225	195	165	140	100
8‰	1:125	685	510	440	390	340	300	260	230	200	170	130	—	—
10‰	1:100	560	410	360	310	275	240	210	180	155	130	—	—	—
14‰	1:70	395	285	250	215	185	160	135	115	—	—	—	—	—
20‰	1:50	260	185	155	130	110	—	—	—	—	—	—	—	—
25‰	1:40	195	130	—	—	—	—	—	—	—	—	—	—	—

T 18 (pr), Baureihe 78^{0-5}

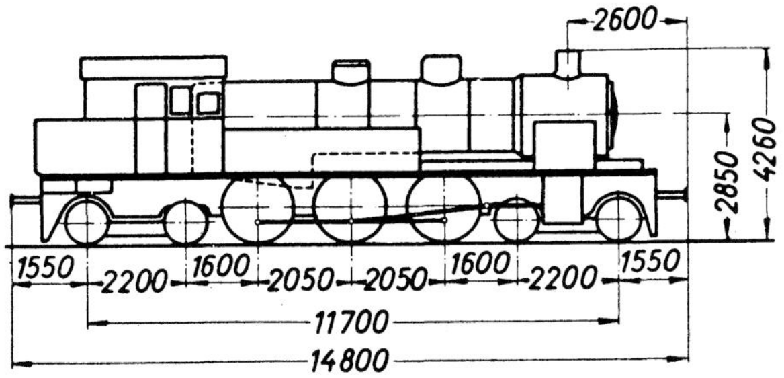

km/h		25	30	35	40	45	50	55	60	65	70	75	80	85
Steigung		Wagengewicht in t (**Personenzug**) *)												
0	1:∞	—	—	—	—	—	—	1415	1210	1030	870	745	620	540
1‰	1:1000	—	—	—	—	1430	1220	1055	915	790	675	585	500	420
2‰	1:500	—	—	—	1290	1110	960	835	725	635	545	475	400	350
3‰	1:333	—	1525	1210	1040	905	785	685	600	525	455	395	345	295
4‰	1:250	1300	1270	1010	870	755	655	575	505	440	385	335	290	250
5‰	1:200	1105	1085	860	745	645	560	495	435	380	330	290	250	215
6‰	1:166	960	945	750	645	560	490	430	375	330	285	250	215	190
7‰	1:140	845	835	660	565	495	430	375	330	290	250	220	190	170
8‰	1:125	750	745	585	505	440	380	335	290	255	220	195	170	150
10‰	1:100	615	605	480	410	355	310	270	235	205	175	150	130	105
14‰	1:70	440	430	335	285	245	210	185	160	135	115	—	—	—
20‰	1:50	295	290	220	185	155	130	110	—	—	—	—	—	—
25‰	1:40	220	215	160	135	—	—	—	—	—	—	—	—	—

*) Leistungstafel auf Grund von Versuchsfahrten aufgestellt.

km/h		20	25	30	35	40	45	50	55	60	65	70
Steigung		Wagengewicht in t (**Personenzug**)										
0	1:∞	—	—	—	—	—	—	—	1765	1485	1240	1040
$1^0/_{00}$	1:1000	—	—	—	—	—	1820	1545	1325	1130	960	810
$2^0/_{00}$	1:500	—	—	—	1970	1665	1425	1220	1055	905	775	660
$3^0/_{00}$	1:333	—	—	1885	1590	1355	1165	1000	870	750	645	555
$4^0/_{00}$	1:250	—	1880	1575	1335	1140	980	845	735	640	550	475
$5^0/_{00}$	1:200	1950	1610	1350	1145	980	845	730	635	555	475	410
$6^0/_{00}$	1:166	1700	1405	1175	1000	855	740	640	555	485	420	360
$7^0/_{00}$	1:140	1505	1240	1040	885	760	655	565	495	430	370	320
$8^0/_{00}$	1:125	1345	1115	935	795	680	585	505	440	385	330	285
$10^0/_{00}$	1:100	1110	915	770	650	550	480	415	360	315	270	230
$14^0/_{00}$	1:70	815	670	560	475	405	345	295	260	225	190	160
$20^0/_{00}$	1:50	570	465	385	325	275	230	195	170	145	120	100
$25^0/_{00}$	1:40	450	360	300	250	205	170	145	125	105	—	—

Einheitslokomotive, Baureihe 82

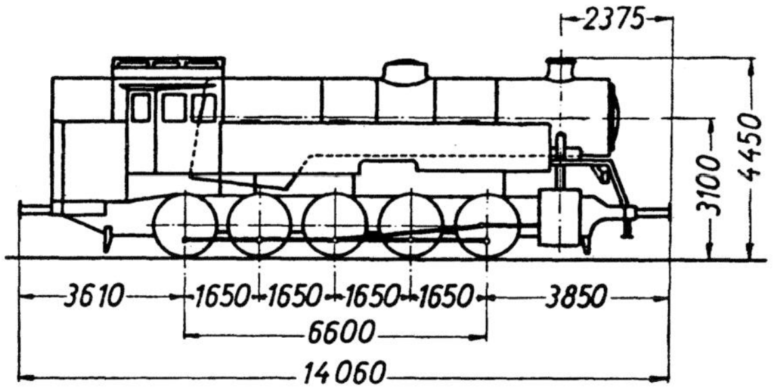

km/h		20	25	30	35	40	45	50	55	60	65	70
Steigung		Wagengewicht in t (**Güterzug**)										
0	1:∞	—	—	—	—	—	—	1825	1515	1260	1040	860
$1^0/_{00}$	1:1000	—	—	—	—	2000	1665	1395	1175	995	830	695
$2^0/_{00}$	1:500	—	—	—	1880	1580	1325	1120	955	815	690	580
$3^0/_{00}$	1:333	—	—	1835	1535	1295	1095	935	800	685	585	495
$4^0/_{00}$	1:250	—	1845	1540	1290	1095	930	795	685	590	505	430
$5^0/_{00}$	1:200	1930	1580	1325	1115	945	805	690	595	515	440	375
$6^0/_{00}$	1:166	1680	1385	1160	975	830	710	610	525	455	390	335
$7^0/_{00}$	1:140	1490	1225	1030	865	740	630	540	470	405	350	290
$8^0/_{00}$	1:125	1340	1180	920	775	660	565	485	420	365	315	265
$10^0/_{00}$	1:100	1105	910	760	640	545	465	400	350	300	260	220
$14^0/_{00}$	1:70	810	665	555	465	395	340	290	250	215	185	155
$20^0/_{00}$	1:50	570	465	385	320	270	230	195	165	140	115	—
$25^0/_{00}$	1:40	450	365	300	245	205	170	145	120	100	—	—

km/h		20	25	30	35	40	45	50	55	60	65	70	75	80
Steigung		Wagengewicht in t (**Personenzug**) *)												
0	1:∞	—	—	—	—	—	—	—	1285	1080	910	770	600	570
1 ‰	1:1000	—	—	—	—	—	—	1140	960	820	695	600	520	450
2 ‰	1:500	—	—	—	—	—	1040	895	760	655	560	485	425	370
3 ‰	1:333	—	—	—	—	1010	850	735	625	540	465	405	355	310
4 ‰	1:250	—	—	—	1000	850	715	615	525	455	395	345	300	265
5 ‰	1:200	—	—	1010	855	725	615	530	450	390	340	295	260	230
6 ‰	1:166	—	1040	880	745	630	535	460	395	345	295	255	225	200
7 ‰	1:140	1090	920	780	660	560	475	405	345	300	260	225	200	175
8 ‰	1:125	975	820	695	585	500	420	360	310	265	230	200	175	155
10 ‰	1:100	800	675	570	480	405	345	295	250	215	185	160	140	120
14 ‰	1:70	580	490	410	345	290	240	205	170	145	125	105	—	—
20 ‰	1:50	400	335	275	230	190	155	130	105	—	—	—	—	—
25 ‰	1:40	315	255	210	175	140	115	—	—	—	—	—	—	—

Einheitslokomotive, Baureihe 86

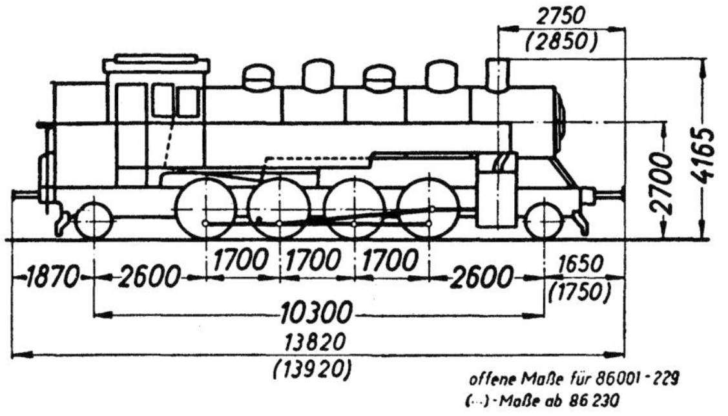

km/h		20	25	30	35	40	45	50	55	60	65	70	75	80
Steigung		Wagengewicht in t (**Güterzug**) *)												
0	1:∞	—	—	—	—	—	1665	1355	1110	915	765	635	540	460
1 ‰	1:1000	—	—	—	1820	1505	1240	1030	855	720	605	515	445	380
2 ‰	1:500	—	—	1710	1420	1180	990	825	690	585	500	425	370	320
3 ‰	1:333	1975	1650	1380	1150	965	810	685	575	490	420	360	310	270
4 ‰	1:250	1640	1380	1160	970	815	685	580	495	420	360	310	275	235
5 ‰	1:200	1400	1180	990	835	700	595	500	425	365	315	270	235	205
6 ‰	1:166	1220	1030	865	725	615	520	440	375	320	275	235	205	180
7 ‰	1:140	1080	910	765	645	545	460	390	330	285	245	210	180	160
8 ‰	1:125	965	815	685	575	485	410	350	300	255	215	185	160	140
10 ‰	1:100	795	670	560	470	400	335	285	240	205	175	150	130	115
14 ‰	1:70	580	485	405	340	285	240	200	165	145	120	100	—	—
20 ‰	1:50	400	335	275	230	190	165	125	105	—	—	—	—	—
25 ‰	1:40	310	255	220	170	140	115	—	—	—	—	—	—	—

*) Leistungstafel auf Grund von Versuchsfahrten aufgestellt.

km/h		20	25	30	35	40	45	50	55	60
Steigung		Wagengewicht in t (**Personenzug**) *)								
0	1:∞	—	—	—	—	—	—	—	1320	1105
1‰	1:1000	—	—	—	—	—	1365	1155	985	840
2‰	1:500	—	—	—	—	1260	1065	910	780	670
3‰	1:333	—	—	—	1195	1020	870	745	640	555
4‰	1:250	—	—	1180	1000	855	730	625	545	470
5‰	1:200	—	1215	1010	855	735	625	540	465	405
6‰	1:166	—	1060	875	745	640	545	470	410	350
7‰	1:140	1150	935	775	660	565	480	415	360	310
8‰	1:125	1045	835	690	590	505	430	370	320	275
10‰	1:100	850	685	565	480	410	350	300	260	225
14‰	1:70	620	500	410	345	295	250	210	180	155
20‰	1:50	430	345	280	230	195	160	135	115	100
25‰	1:40	335	265	215	175	145	120	100	—	—

T 16^1 (pr), Baureihe 94^{5-18}

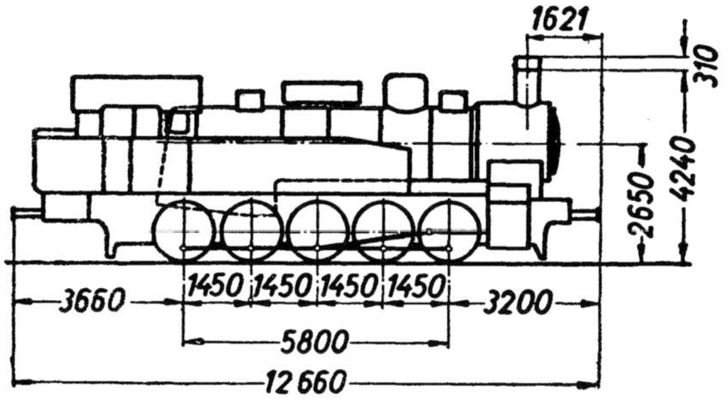

km/h		20	25	30	35	40	45	50	55	60
Steigung		Wagengewicht in t (**Güterzug**) *)								
0	1:∞	—	—	—	2530	2065	1665	1370	1115	940
1‰	1:1000	—	—	—	1805	1515	1250	1040	865	735
2‰	1:500	—	—	1695	1415	1190	990	835	700	600
3‰	1:333	2075	1670	1375	1150	975	820	695	585	505
4‰	1:250	1730	1395	1150	970	825	695	590	500	430
5‰	1:200	1485	1195	990	835	710	600	510	435	375
6‰	1:166	1290	1045	860	730	625	525	450	380	330
7‰	1:140	1145	925	765	645	550	465	400	340	290
8‰	1:125	1025	825	685	580	495	415	355	305	260
10‰	1:100	850	680	560	475	405	340	290	250	210
14‰	1:70	620	495	405	340	290	245	205	175	150
20‰	1:50	430	340	275	230	195	160	135	110	—
25‰	1:40	335	265	215	175	145	120	—	—	—

*) Leistungstafel auf Grund von Versuchsfahrten aufgestellt.

(4.8.) AUSRÜSTUNG DES FÜHRERHAUSES EINER DAMPFLOKOMOTIVE

(hier am Beispiel der Baureihe 038)

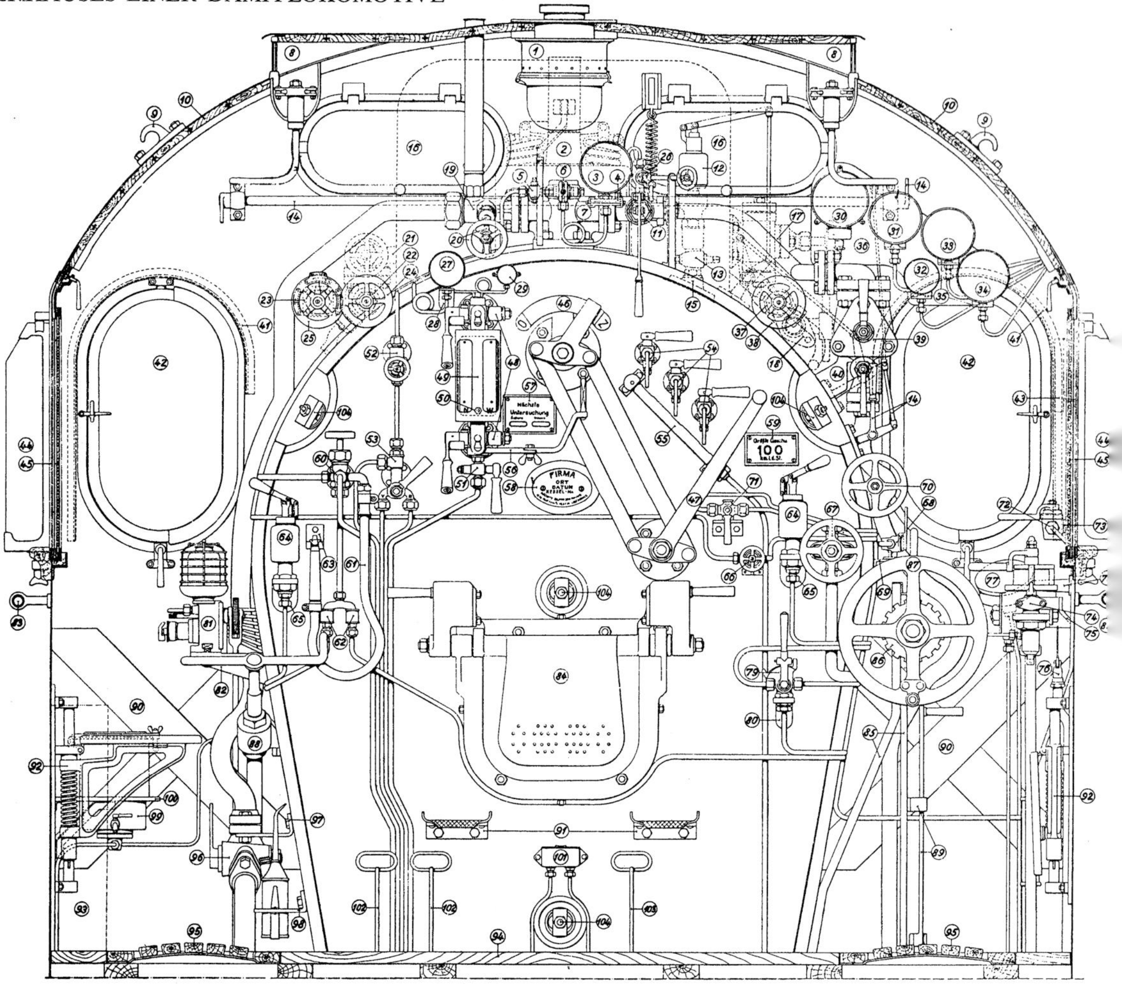

1 Führerhauslaterne
2 Sicherheitsventil
3 Kesseldruckmesser
4 Halter für Kesseldruckmesser
5 Druckmesserhahn
6 Eichdruckmesserhahn
7 Dampfentnahmestutzen
8 Lüftungsaufsatz
9 Haken zum Abheben des Führerhauses
10 Holzbedachung
11 Strahlpumpendampfventil
12 Dampfpfeife
13 Dampfpfeifenhahn
14 Pfeifenzug
15 Untersatz zur Dampfpfeife
16 Klappfenster in der Führerhausvorderwand
17 Kesselspeiseventil
18 Feuerlöschstutzen
19 Dampfheizventil
20 Zug zur Dampfheizeinrichtung
21 Absperrventil zur Speisepumpe
22 Dampfventil zur Speisepumpe
23 Dampfventil zum Hilfsbläser
24 Zug zum Speisepumpendampfventil
25 Hilfsbläserzug
26 Dampfventil zur Koch- und Wärmeeinrichtung
27 Heizdruckmesser
28 Halter für Heizdruckmesser
29 Vorwärmerdruckmesser
30 Fernthermometer
31 Ferndruckmesser
32 Druckmesser für Bremsluftbehälter
33 Druckmesser für Bremsleitung
34 Druckmesser für Bremszylinder
35 Halter zum Bremsdruckmesser
36 Halter für Druckmesser
37 Luftpumpendampfventil
38 Zug zum Luftpumpendampfventil
39 Strahlpumpe
40 Halter zur Strahlpumpe
41 Fensterschirm
42 Drehfenster in der Führerhausvorderwand
43 Fahrplanrahmen
44 Seitliches Schutzfenster
45 Schiebefenster in der Führerhausseitenwand
46 Reglerstopfbuchse
47 Reglerhandhebel
48 Wasserstandsanzeiger
49 Wasserstandsschutz
50 Wasserstandsmarke
51 Wasserstandsablaßhahn
52 Dampfventil zur Radreifenspritze
53 Strahlpumpe
54 Prüfhahn
55 Fangrohr
56 Laternenstütze zum Wasserstandsanzeiger
57 Untersuchungsschild
58 Kesselschild
59 Geschwindigkeitsschild
60 Ventil für Aschkasten-, Rauchkammer- und Kohlenspritze
61 Kohlenspritzschlauch
62 Rückschlagventil für Rauchkammer- und Aschkastenspritze
63 Halter für Kohlenspritzschlauch
64 Handschmierpumpe
65 Halter zur Handschmierpumpe
66 Dampfventil zum Läutewerk
67 Ventil zur Gegendruckbremse
68 Anstellhahn für Druckausgleicher
69 Halter zum Anstellhahn für Druckausgleicher
70 Handrad zum Drosselventil für Dreiweghahn zum Preßzylinder
71 Dreiweghahn zum Preßzylinder
72 Zusatzbremshahn
73 Halter für Zusatzbremshahn
74 Führerbremsventil
75 Halter zum Führerbremsventil
76 Auslöseventil
77 Geschwindigkeitsmesser
78 Halter zum Geschwindigkeitsmesser
79 Hahn zum Sandstreuer
80 Halter zum Hahn für Sandstreuer
81 Schmierpumpe
82 Träger zur Schmierpumpe
83 Handstangenstütze
84 Feuertür
85 Steuerbock und Halter
86 Steuerschraube und Teile
87 Steuerrad
88 Spindelbock zum Kipprost
89 Führungsbock und Handhebel zum Zylinderventilzug
90 Holzversteifung der Führerhauswände
91 Tritte an der Stehkesselrückwand
92 Sitze
93 Werkzeugkasten im Führerhaus
94 Führerhausbodenbelag
95 Federnde Fußunterlage im Führerhaus
96 Dreiweghahn zur Dampfheizeinrichtung
97 Halter für Dreiweghahn
98 Halter für Ölflaschen
99 Teile zur Koch- und Wärmeeinrichtung
100 Halter zur Koch- und Wärmeeinrichtung
101 Schmiergefäß
102 Aschkastenzüge
103 Aschkastenbodenklappenzug
104 Waschluken mit Pilz

(4.9.) AUFBAU DER LOKOMOTIVSTEUERUNG BAUART HEUSINGER

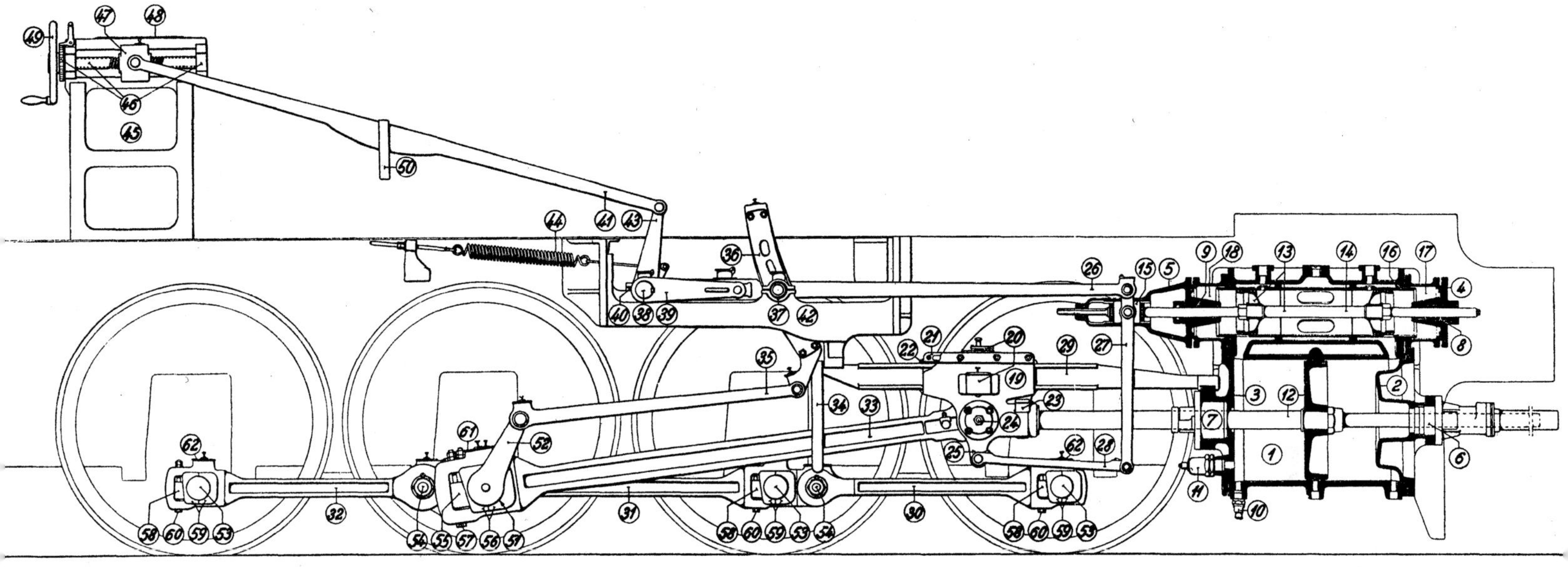

1 Zylinder
2 Vorderer Zylinderdeckel
3 Hinterer Zylinderdeckel
4 Vorderer Schieberkastendeckel
5 Hinterer Schieberkastendeckel
6 Vordere Kolbenstangenstopfbuchse
7 Hintere Kolbenstangenstopfbuchse
8 Vordere Tragbuchse für Schieberstange
9 Hintere Tragbuchse für Schieberstange
10 Zylinderventil
11 Zylindersicherheitsventil
12 Kolben mit Stange
13 Kolbenschieber
14 Schieberstange
15 Kreuzkopf zur Schieberstange
16 Schieberbuchse
17 Vorderer Ausströmkasten
18 Hinterer Ausströmkasten
19 Kreuzkopf
20 Schmiergefäß zum Kreuzkopf
21 Zwischenstück zum Kreuzkopf
22 Kreuzkopfgleitplatte
23 Kreuzkopfkeil
24 Kreuzkopfbolzen
25 Lenkeransatz am Kreuzkopf
26 Schieberschubstange
27 Voreilhebel
28 Lenkerstange
29 Gleitbahn
30 Kuppelstange zwischen 1. und 2. Radsatz
31 Kuppelstange zwischen 2. und 3. Radsatz
32 Kuppelstange zwischen 3. und 4. Radsatz
33 Treibstange
34 Fangbügel zur Treibstange
35 Schwingenstange
36 Schwinge (mit Schwingenstein)
37 Schwingenlager
38 Steuerwelle
39 Aufwerfhebel
40 Steuerwellenlager
41 Steuerstange
42 Gleitbahn- u. Laufblechträger m. Schwingen- u. Steuerwellenlager
43 Steuerstangenhebel
44 Rückzugfeder zur Steuerung
45 Steuerbock
46 Steuerschraube und Teile
47 Steuermutter
48 Zifferstreifen zur Steuerschraube
49 Steuerrad
50 Steuerstangenführung
51 Treibzapfen
52 Gegenkurbel
53 Kuppelzapfen
54 Gelenkbolzen für Kuppelstangen
55 Schraubenstellkeil für Treibstange
56 Lagerschalen für Treibstange
57 Stellkeilschraube für Treibstange
58 Schraubenstellkeil für Kuppelstange
59 Lagerschalen für Kuppelstange
60 Stellkeilschraube für Kuppelstange
61 Schmiergefäß für Treibstange
62 Schmiergefäße zu den Kuppelstangen

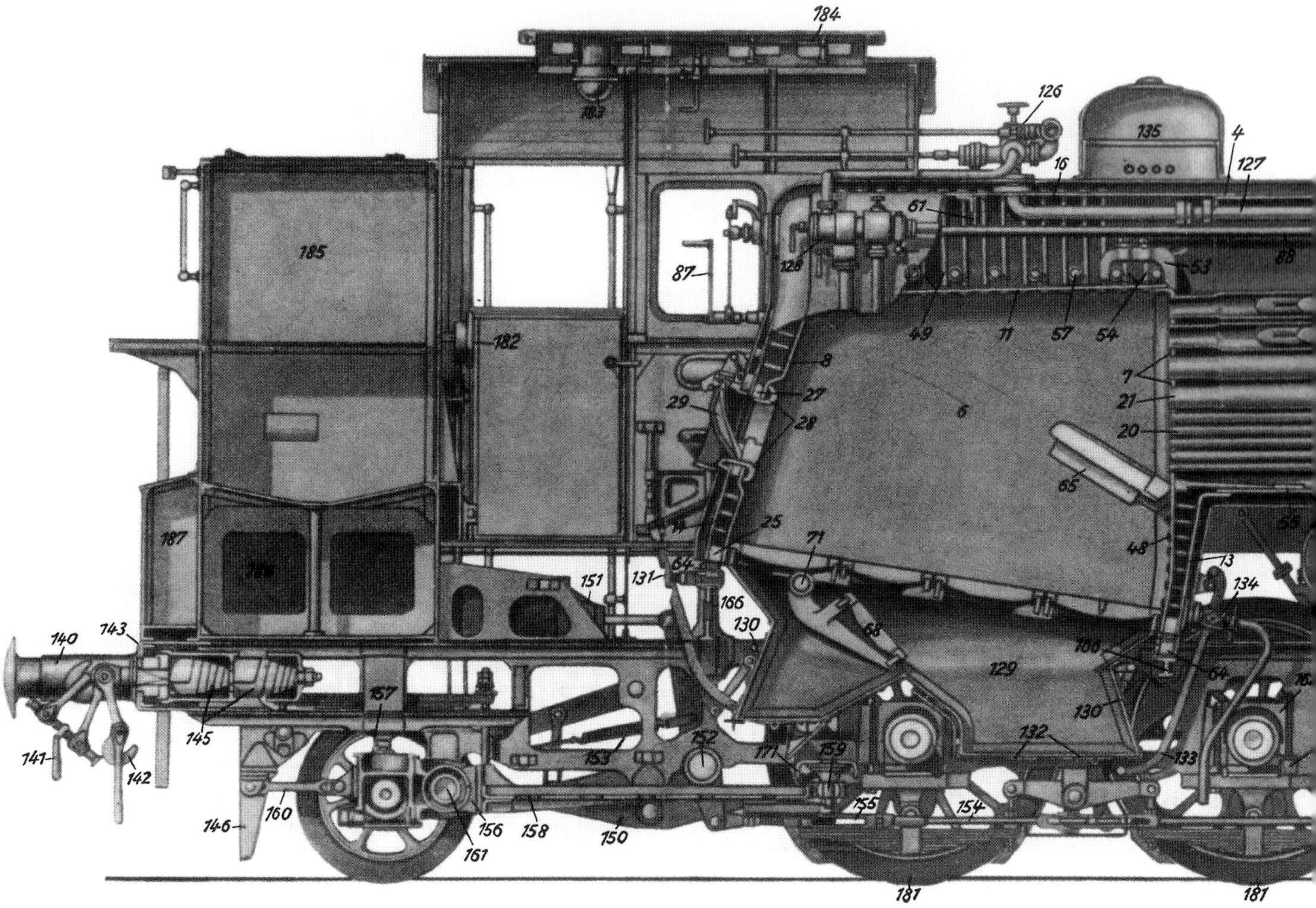

(4.10.) SCHNITTBILD EINER TENDERLOKOMOTIVE

1 Langkessel
4 Rundnaht
6 Feuerbüchse
7 Feuerbüchsrohrwand
8 Feuerbüchsrückwand
11 Feuerbüchsmantel
13 Stehkesselvorderwand
14 Stehkesselrückwand
16 Stehkesseldecke
20 Heizrohr
21 Rauchrohr
25 Bodenring
27 Feuerlochring
28 Feuerlochschoner
29 Feuertür
30 Dom
31 Domlochring
33 Domring innenliegend
34 Domunterteil
43 Dom zum Speisewasserreiniger
44 Speisewasserverteiler
45 Rieselblech zum Speisewasserreiniger
46 Winkelrost-Schlammfilter
47 Schlammsammler zum Speisewasserreiniger
48 Stehbolzen
49 Deckenstehbolzen
53 Bügelanker
54 Bügelankerstehbolzen
55 Bodenanker
57 Queranker
60 Blechanker an der Rauchkammerrohrwand
61 Versteifung am Stehkesselmantel
64 Schlingerstück
65 Feuerschirm
68 Kipproststäbe
71 Kipprostwelle mit Hebel zum Kipprost
83 Regler
85 Reglerknierohr
86 Reglerrohr
87 Reglerhandhebel
88 Reglerwelle
94 Rauchkammer
97 Rauchkammertürwand
98 Rauchkammerrohrwand
99 Schornstein
101 Dampfeinströmrohr
102 Ausströmzweigrohr
103 Standrohr
104 Blasrohr
106 Hilfsbläser
107 Funkenfänger
108 Rauchkammerspritzrohr
110 Rauchkammerbodenschutz
111 Rauchkammertür
112 Verschluß zur Rauchkammertür
113 Verschlußbalken zur Rauchkammer
114 Vorreiber zur Rauchkammertür
115 Schutzblech zur Rauchkammertür
116 Schonerblech zur Rauchkammertür
119 Entwässerungsstutzen an der Rauchkammertür
120 Lichtmaschine
121 Laternenstütze an der Rauchkammertür
122 Dampfsammelkasten
123 Überhitzereinheit
124 Überhitzerrohrsatz
125 Speisewasservorwärmer

126 Dampfentnahmestutzen
127 Dampfentnahmerohr
128 Dampfstrahlpumpe
129 Aschkasten
130 Aschkastenklappen
131 Aschkastenklappenzug
132 Aschkastenbodenklappen
133 Verriegelung für Aschkastenbodenklappen
134 Kesselabschlammschieber
135 Sandkasten
136 Sandstreudüsen
137 Sandabfallrohre
138 Druckluftläutewerk
139 Kesselbekleidung
140 Puffer
141 Schraubenkupplung
142 Sicherheitskupplung
143 Hinterer Pufferträger
144 Zughaken
145 Zughakenfedern
146 Bahnräumer
147 Barrenrahmenwange
148 Tragfeder
149 Federspannschraube
150 Längsausgleichhebel
151 Bremszylinder
152 Bremswelle mit Bremshebeln
153 Rückzugfeder im Bremsgestänge
154 Bremszugstange
155 Spannschloß
156 Lenkgestell mit Laufradsatz
157 Achslagergehäuse zum Lenkgestell
158 Deichsel
159 Drehzapfen
160 Pendelstangen
161 Rückstelleinrichtung
162 Achslagergehäuse
163 Öltrichter
164 Achslagerstellkeil
165 Achslagersteg
166 Stehkesselträger
167 Senkrechte Rahmenverbindung
168 Kesselpendelblech
169 Waagerechte Rahmenverbindung
170 Rahmenstrebe
171 Rahmenverbindung für Drehzapfenlager
172 Rahmenverbindung zwischen den Zylindern
173 Rauchkammerstrebe
174 Vorderer Pufferträger
175 Tritt am Pufferträger
176 Signallaternen
177 Griff auf den Pufferträgern
178 Hauptluftbehälter
179 Hilfsluftbehälter
180 Treibradsatz
181 Kuppelradsatz
182 Wurfhebelbremse
183 Führerhausdeckenleuchte
184 Entlüftungsklappen
185 Kohlenkasten
186 Wasserkasten
187 Werkzeugschrank

(5.) Anhang

(5.1.) ERLÄUTERUNGEN DER ABKÜRZUNGEN

AW	Ausbesserungswerk
BD	Bundesbahndirektion
Bf	Bahnhof
Bw	Bahnbetriebswerk
BZA	Bundesbahnzentralamt
D	Schnellzug
DB	Deutsche Bundesbahn
DR	Deutsche Reichsbahn (Bahnverwaltung der DDR)
E	Eilzug
Hbf	Hauptbahnhof
Rbf	Rangierbahnhof

(5.2.) HERSTELLER DEUTSCHER DAMPFLOKOMOTIVEN

Allgemeine Elektricitätsgesellschaft, Berlin
A. Borsig Lokomotivenbau, Berlin-Tegel
Berliner Maschinenfabrik, ehemals Louis Schwartzkopff, Wildau bei Berlin
Hannoversche Maschinenfabrik AG (Hanomag) Hannover-Linden
Henschel & Sohn GmbH, Kassel
Hohenzollern AG, Düsseldorf-Gravenberg
Arnold Jung, Jungenthal bei Kirchen/Sieg
Krauss-Maffei AG, München-Allach
Friedrich Krupp AG, Essen
Maschinenbaugesellschaft, Karlsruhe

Maschinenfabrik Eßlingen, Eßlingen
Maschinenfabrik Hagans, Erfurt
Linke-Hoffmann-Werke, Breslau
Lokomotivbau Hans Beimler, Henningdorf/Berlin (ehemals Borsig)
Orenstein und Koppel, Potsdam-Babelsberg
Sächsische Maschinenfabrik, R. Hartmann, Chemnitz
F. Schichau GmbH, Elbing
Vulcan Stettiner Maschinenfabrik, Stettin-Bredow

(5. 5.) LITERATURHINWEIS

Autorenkollektiv: Die Dampflokomotive, Berlin, 1964
Born, E.: Die Regel-Dampflokomotiven der DR und DB, Frankfurt/M, 1953
Garbe, R.: Die Dampflokomotiven der Gegenwart, Berlin, 1920
Gerlach, K.: Dampflokarchiv, Berlin, 1968
Griebl/Schadow: Verzeichnis der deutschen Lokomotiven, Wien, 1968
Henschel-Lokomotiv-Taschenbuch, Kassel, 1952
Hilmental, H.: Die Dampflokomotiven, Berlin, 1921 (Sammlung Göschen)
Lehmann, H. und Pflug, E.: Der Fahrzeugpark der Deutschen Bundesbahn und neue von der Industrie entwickelte Schienenfahrzeuge, Berlin, 1956
Maedel, K.-E.: Die deutschen Dampflokmotiven gestern und heute, Berlin, 1964
Merkbuch für die Schienenfahrzeuge der Deutschen Bundesbahn, Dampflokomotiven und Tender
Obermayer, H. J.: Taschenbuch deutscher Dampflokomotiven, Stuttgart, 1969
Stockklausner, H. und Weinstötter W.: 25 Jahre deutsche Einheitslokomotive, Nürnberg, 1950
Stumpf, B.: Jahrbuch des Eisenbahnwesens, Darmstadt
Mehltretter, J. M.: Die Lokomotiven der DB, Stuttgart, 1973

J. Michael Mehltretter

Dampflokomotiven

Am Ende einer Epoche

Inhalt

Vorwort

Nach über 142 Jahren Eisenbahnbetrieb fand mit dem Auslaufen des Sommerfahrplanes 1977 die Dampftraktion bei der Deutschen Bundesbahn unwiderruflich ihr Ende. Auch die Deutsche Reichsbahn folgte diesem Trend einige Jahre später. Und selbst bei allen anderen westeuropäischen Eisenbahnverwaltungen konnten seit Jahren elektrische sowie mit Verbrennungsmotoren ausgerüstete Triebfahrzeuge die letzten Dampflokomotiven verdrängen.
Ganz im Gegensatz zu dieser technischen und wirtschaftlich unumgänglichen Entwicklung verlief das allgemeine Interesse, das in breiter Form diesen immer seltener vorkommenden Vertretern einer im Scheiden begriffenen Technik entgegengebracht wurde. Der leicht verständliche und klare Aufbau, die eindrucksvolle hör- und sichtbare Kraftentfaltung beim Anfahren, rundum das gesamte, unverkennbare Erscheinungsbild der Dampflokomotive sowie der Reiz einer nun zu Ende gegangenen Epoche ließen die Zahl ihrer Freunde aller Altersgruppen sprunghaft ansteigen.
Dieses Buch wurde im Jahre 1979 lanciert. Es ist in mehreren Auflagen erschienen und schon seit langem vergriffen. Das anhaltende Interesse an diesem Thema veranlaßte den Verlag, diesen Titel als Spezialausgabe neu aufzulegen. Hierbei wurde dem Wunsch vieler Leser entsprochen und der Inhalt dieses Buches auf Dampflokeinsätze in Deutschland focussiert.
In seinem ersten Kapitel berichtet dieses Werk über die eindrucksvollen Leistungen, welche von den Hofer Schnellzugmaschinen der Baureihe 001 sowie den anderen dort stationierten oder behandelten Güterzuglokomotiven erbracht wurden. Hinzu kommen noch die raren Dampflokparaden, die in Hof stattfanden, sowie die sonstigen Darstellungen, die uns dieses markante Bahnbetriebswerk unvergeßlich werden lassen.
Im zweiten Kapitel stehen Rheine und die berühmte Emslandstrecke im Vordergrund. Neben den dort erbrachten Dampflokleistungen wird auch auf die besondere Technik der Dreizylindertriebwerke eingegangen, die bei den Schnell- und Güterzuglokomotiven Baureihe 012, 043 und 044 Verwendung fanden.
Im dritten Teil dieser Dokumentation spielen Crailsheim und das nordwestliche Frankenland die Hauptrolle. Die darin gezeigten Luftaufnahmen eröffnen dem Leser eine bisher unbekannte, völlig neue Perspektive. Reizvoll gestaltete sich hierbei der Betrieb auf der Strecke zwischen Crailsheim und Lauda, bei der die Hohenloher Ebene Mensch und Maschine so manche Leistungen abverlangte.
Das vierte Kapitel ist den letzten in Südwestdeutschland absolvierten Sonderfahrten gewidmet. Dieser besondere Abschied wurde von Dampflokomotiven bestritten, die kurz vor dem Ende ihres Plandienstes standen und deren baldiges Ausscheiden vorgegeben war.
Wie schon bei den anderen Publikationen des Verfassers wird auch hier nicht die Absicht gehegt, ein aus Archiven geborenes Werk vorzulegen. Vielmehr soll dieses Buch einen selbsterlebten und persönlichen, vor allem liebevoll gemeinten Abschied von jenem Stück Technik darstellen, welches weit über Jahrzehnte hinweg das Bild der Bahn geprägt hatte.
Die vielgestaltigen Erscheinungsformen der Dampflokomotive sowie die Menschen, die für sie sorgten und auf ihnen fuhren, stehen im Vordergrund dieses Buches. Die Fotografie dient hierbei als erstrangiges Ausdrucksmittel, für das dem Autor das Beste nur gut genug erschien: Alle Aufnahmen entstanden im aufwendigen Mittel- und Großformat!
Diese Arbeitsweise verlangt für das Auf- und Einstellen der eingesetzten fotografischen Apparate besondere Aufmerksamkeit. Sind die Mittelformat-Kameras (6x6 Hasselblad 500 C/M und 500 EL/M) in nur wenigen Minuten »schußbereit«, benötigen die Großformat-Kameras (9x12 Linhof Super-Technika) in der Regel eine Zeit von rund 15 Minuten pro Aufnahme und setzen ein entsprechendes festes und schweres Stativ voraus. Weiterhin kann hierbei auch auf Requisiten aus »Großvaters Zeiten« zum Justieren und Scharfeinstellen der Mattscheibe an der Platten-Kamera nicht verzichtet werden. Handlupe und schwarzes Tuch sind immer mit dabei! Zusätzlich muß noch vor jeder Aufnahme die Blendeneinstellung des Objektivs mit einem separaten Belichtungsmesser ermittelt und der Verschluß manuell gespannt werden. Weiterhin darf man nicht vergessen, den Schieber der Planfilm-Kassette herauszuziehen, um damit den Weg zwischen Objektiv und Film freizugeben. Alles in allem eine Reihe verschiedener zusammenhängender Vorgänge, von denen auch bei der gerne aufkommenden Begeisterung über die sich nähernde Dampflok keiner ausgelassen werden darf. Hinzu kommen noch Umfang und Transport dieser Fototechnik, bei der man auf einen fachlich kompetenten Begleiter nicht verzichten kann.
Dieser große Aufwand, die eingeschränkte Mobilität sowie der geschilderte Zeitbedarf dieser Fototechnik schließt das in der Kleinbildfotografie beliebte »Zugverfolgen« grundsätzlich aus. Jedes ausgewählte Motiv läßt sich immer nur einmal ablichten. Als Lohn für diese Mühe erhält man jedoch Druckvorlagen, die in ihrer Farbqualität und Schärfe konkurrenzlos sind!

Bei den Luftaufnahmen kamen 6x6 Hasselblad 500 EL/M mit Luftzielvorrichtung und 4x5 Inch Linhof Aero-Technika zum Einsatz. Letztere war zu jener Zeit die einzige Großformatkamera, die vollautomatisch arbeitete und wegen ihres hohen Energiebedarfes stets einen leistungsstarken Accu benötigte. Alle in diesem Buche wiedergegebenen Luftaufnahmen wurden von der Regierung von Oberbayern unter GS 300/6969 freigegeben.

Bei der Erstellung und Auswahl der Aufnahmen für dieses Buch hat der Autor auf Verfremdungseffekte oder sonstige »künstlerische Ansätze« bewußt verzichtet. Vielmehr setzt die Aufgliederung der Dampflokomotive in ihre vielzähligen Einzelteile sowohl bei statischen wie auch bei dynamischen Aufnahmen eine exakte Wiedergabe voraus, bei der auch Stimmungsbilder eine korrekte Lichtführung sowie die bereits beschriebene Bildschärfe nicht vermissen lassen dürfen.

Fast alle Aufnahmen dieses Buches wurden »in Regie« erstellt. Dies bedeutet, daß dem jeweiligen Lokomotivpersonal mittels Vordruck der geplante Fotostandort benannt und die gewünschte Szene vereinbart worden war. Daß die kooperative Lokmannschaft stets mit einem Erinnerungsfoto belohnt wurde, war für den Autor selbstverständlich. Als Beispiel für diese Arbeitsweise kann Aufnahme Nr. 004 auf Seite 12 dienen. Trotz Talfahrt und Beginn der »Schiefen Ebene« durcheilen 001 168 und 001 202 den Bahnhof Marktschorgast mit offenem Regler!

Dieses Buch ist als zeitgeschichtliches Dokument zu verstehen, in dem die Fotografie die Hauptrolle spielt. Im Vordergrund sollen die Lokomotiven, die Menschen und die involvierten Landschaften stehen. Wer von Entwicklungsgeschichte, Technik, Stückzahlen und Stationierungsangaben der hier gezeigten Lokomotivbaureihen mehr wissen möchte, sei auf die Bücher »Die Lokomotiven der Deutschen Bundesbahn« und »Dampflokomotiven – Die Letzten in Deutschland« verwiesen. Beide Titel sind heute als Spezialausgabe bei Transpress erhältlich.

Es ist dem Autor Verpflichtung und Freude zugleich, an dieser Stelle allen seinen Dank auszusprechen, die zum Gelingen dieses Buches beigetragen haben. Insbesondere gilt dies für viele ungenannte Mitarbeiter der Deutschen Bundesbahn, der Hauptverwaltung in Frankfurt, den maschinentechnischen Abteilungen der Direktionen Nürnberg, Stuttgart und Hannover sowie den Bahnbetriebswerken Crailsheim, Hof und Rheine. Namentlich in diesen Dank einbezogen werden vom Bw Hof die Herren Rudolf Fischer (Dienststellenleiter), Hannes Haßlocher (B-Gruppenleiter), Erwin Vogel (C-Gruppenleiter), Karl Beyer (Bing MA Hof) und Alfred Rödel II (Lokdienstleitung). Freundschaftlich gesinnt war dem Autor auch Gerhard Plankert (Dienststellenleiter Bw Rheine), der dessen Aktivitäten stets tatkräftig unterstützte. So hätten ohne seine Hilfe die in der Nacht aufgenommenen Sonderzüge bei Rheine nie Wirklichkeit werden können.

Besonderer Dank gebührt auch Herrn Albert Schöppner aus Königshofen. Er zählte zu den wenigen Eisenbahnfreunden, die bereits schon Anfang der 70er Jahre sich für die Mittelformatfotografie entschieden hatten. Seine hier wiedergegebenen Bilder haben sehr zur Vielfältigkeit dieses Buches beigetragen!

Den Herren Carlotto Asmus aus Weilheim und John S. Whiteley aus Shipley, West Yorkshire, England, sei hier für die freundliche Überlassung der entsprechend benannten Aufnahmen gedankt.

Auch bei diesem Werk übernahmen die beiden Münchner »Amici in Vapore« des Autors, die Herren Dipl.-Ing. J. B. Kronawitter und Baudirektor a.D. Ernst Schörner, die abschließende Durchsicht. Wie schon die meisten der zuvor genannten Herren weilen auch diese beiden heute nicht mehr unter den Lebenden. Auch ihnen ist dieses Buch gewidmet. Schließlich möchte der Autor auch Herrn Dipl.-Ing. Werner Schott aus Rosenheim danken, der die Texte dieser Spezialausgabe noch einmal durchgesehen hat. Als ehemaliger leitender Bundesbahndirektor und 21A in der maschinentechnischen Abteilung der Direktion München, aber auch als gebürtiger Hofer, hätte es keiner besser machen können!

Ganz besonders möchte der Autor Herrn Hartmut Thiele, Fotografenmeister in München, danken, der ihm auf manchen In- und Auslandsreisen Helfer und Kritiker, vor allem aber stets ein freundlicher Reisebegleiter war. So hätten viele der hier abgebildeten Aufnahmen ohne seine Hilfe nicht erstellt werden könne. Dankend sollen hier auch die Leitung und das Lektorat des Verlages erwähnt werden, die sich um die sorgfältige Gestaltung und Ausführung dieses Buches sehr bemüht haben.

Die moderne Eisenbahn wird heute durch schnelle, leistungsstarke elektrische und Brennkraftlokomotiven geprägt, für die Dampflokomotive bleibt nur noch der historische Rückblick. Die Erinnerung daran soll uns dieses Buch bewahren.

– Sic transit gloria vaporis! –

Pullach bei München

Der Verfasser

1. Schiefe Ebene, Hof und Nordbayern

Bis zum Ende des Winterfahrplanes 1972/73 zählte die bekannte »Schiefe Ebene«, jene Steilrampe auf der Linie Bamberg–Hof, zu den interessantesten und von Eisenbahnfreunden in ganz Europa wohl am meisten besuchten Streckenabschnitten. Vom Maintal her kommend, muß dort die Bahn die ersten Ausläufer des Fichtelgebirges erklimmen. Auf einer Länge von nur 7,5 km hat sie dort eine Höhendifferenz von 157,6 m zu überwinden. Fast durchgehend ist eine Steigung von 25 ‰ zu überwinden, wobei die vorhandenen Kurven zusätzliche Leistung abverlangen. Nach den Leistungstafeln der Deutschen Bundesbahn für die Dampflokbaureihe 01 kann diese bei 25 ‰ Steigung einen 205 to schweren Zug mit einer Geschwindigkeit von 30 km/h befördern. Bei gleicher Steigung und Geschwindigkeit kann eine Güterzuglokomotive Baureihe 50 sogar 275 to an den Zughaken nehmen.
Die von der Straßenüberführung gut verfolgbare Ausfahrt in Neuenmarkt-Wirsberg, der lichtgünstige, weil freiliegende Block Streitmühle, die kurvenreiche und landschaftlich reizvolle Streckenführung bei Kilometer 80 oder die der Anstrengung ein Ende bereitende Einfahrt von Marktschorgast – das alles sind Orte der Erinnerung an jenes unvergeßliche packende Schauspiel, das die Hofer 01-Schnellzugdampflokomotiven in ihrem Dienst dem Beschauer gleich mehrmals am Tage boten!
Hinzu kamen die zahlreichen Plandienste, die von den Hofer 50ern im Personen- und Güterzugdienst zu leisten waren. Zu den Höhepunkten zählten auch die Lokomotivparaden und andere exklusive Fotoszenen, die uns das Bw Hof für immer in Erinnerung behalten lassen. Hierbei sind auch jene Eisenbahner wieder-

Nr. 001
Der letzte Abschnitt der »Schiefen Ebene« führt bei Streckenkilometer 81.1 mit einer Kurve aus dem Walde und geht von dort bis Marktschorgast in eine Gerade über. Trotz Abhängigkeit von Zuglast und Maschinenzustand konnte gerade dort ein eingespieltes Lokpersonal zeigen, welche hohe Leistung mit ihrer alten 01 noch zu erreichen war! An dieser Stelle sehen wir 001 111 vor Eilzug E 1791 Frankfurt–Würzburg–Hof an einem herrlichen Februarmorgen des Jahres 1973 (17.02.1973).

zufinden, die bei diesen Besonderheiten stets bereitwillig und freundlich mitgewirkt haben.
Nicht minder abwechslungsreich verlief der Dampfbetrieb zwischen Nürnberg und Sulzbach-Rosenberg, insbesondere auf dem Teilstück von Hartmannshof nach Neukirchen. Auch wenn dort auf einer Länge von 8,1 km nur 71,2 Höhenmeter zu überwinden sind, forderten die mehrfach vorhandenen, kurvenreichen und bis 25‰ messenden Rampen das Letzte von den meist vor schweren Eisenschrott, Erz- und Kohlezügen eingesetzten Güterzuglokomotiven der Baureihe 44. Diese erhielten oftmals noch von 50er Schiebelok Unterstützung.

Nr. 002
Zu den faszinierendsten Fotomotiven zählte der durch Zusammenfassung mit dem E 852 planmäßig in Doppeltraktion gefahrene Eilzug E 658 »Frankenland«; hier mit 001 131 und 001 150 in voller Fahrt bei Untersteinach (03.03.1973).

Nr. 003
Kleine Dampflok-Parade im Bw Hof. Neben den dort beheimateten 001 180, 001 168 und 052 817 hat sich auch die frisch ausgebesserte 044 333 aus Weiden eingefunden (09.12.1972).

Nr. 004
Eilzug E 658 »Frankenland«, geführt von 001 168 und 001 202, eilt talwärts durch den Bahnhof Marktschorgast. Trotz hoher Fahrt und der hier beginnenden »Schiefen Ebene« haben die beiden Lokführer gerne für diese Aufnahme den Regler kurz geöffnet (10.02.1973).

Nr. 005 ▷
Mit dem Fahrplanwechsel vom 2. auf 3. Juni 1973 wuren die meisten Hofer 001 abgestellt und durch Brennkraftlokomotiven der Baureihe 218 ersetzt. Damit endete auch für immer der Dampfbetrieb vor Schnell- und Eilzügen auf der »Schiefen Ebene«. Hier bringt 001 088 an einem dieser letzten Betriebstage den Eilzug E 1791 über die berühmte Rampe (31.05.1973); drei Tage später wurde sie z-gestellt.

001 088-4
80

051 889-4

◁ *Nr. 006*
Der Güterzug 16 825 Lichtenfels–Hof durchfährt bei Streckenkilometer 77,7 den unteren Teil der »Schiefen Ebene«. Die angestrengt arbeitende 051 889 erhält noch Unterstützung durch eine Diesellok der Baureihe 260 (17.03.1973).

Nr. 007
Auch nach dem Ausscheiden der Baureihe 001 zum 3. Juni 1973 verkehrten bis zum Ende des Jahres 1974 immer noch Hofer Dampflokomotiven planmäßig auf der »Schiefen Ebene«, wie hier 050 098 mit N 5819 Lichtenfels–Hof kurz vor dem Block Streitmühle (02.11.1973).

Nr. 008
Der Schnellzug D 854 Hof–Würzburg–Frankfurt zählt zu den letzten eindrucksvollen Leistungen der Hofer 001 und wurde von diesen bis Bamberg bespannt. Im Bild 001 150 mit Lokführer Bayreuther und Heizer Rietsch beim Beschleunigen kurz hinter Seulbitz (08.04.1973).

Nr. 009

Die verschiedenen Lokparaden im Bw Hof gehören nicht nur zu den schönsten Eisenbahnerlebnissen des Autors, sondern nehmen auch einen besonderen Rang in der Dokumentation der nun zu Ende gegangenen Dampflokzeit ein. Als Dank und Erinnerung an jene Hofer Eisenbahner, durch deren Verständnis und Hilfe solche Besonderheiten erst möglich wurden, dient dieses Bild.

Vordere Reihe, von rechts: B-Gruppenleiter Haßlocher (mit Brille), Kronawitter (früherer Bw-Vorstand von Hof, später Vorstand MA 3 in München), Bw-Vorsteher Fischer, C-Gruppenleiter Vogel und Ausschlacker Kaiser. Hintere Reihe, von rechts: Werkmeister Fütterer, Lokpersonal Höpfer und Hermann, Lokpersonal Benkert und Erben, Feuermann Tietze, Drehscheibenwärter Rödiger und Lokleiter Heinrich.

050 281-5
75
8

◁ *Nr. 010*
Auch der untere Teil der »Schiefen Ebene«, der erste Abschnitt einer langen Geraden, galt als lohnendes Fotomotiv. Die schwer arbeitende Hofer 050 281 erhält noch Unterstützung von einer Brennkraftlok BR 260. Während das Bild Nr. 006 im Format 6 x 6 entstanden ist, wurde diese Aufnahme im Format 9 x 12 erstellt. Der Güterzug Dg 16 825 ist bis zur Schiebelok scharf abgelichtet, auch wenn die geringe Vergrößerung dieses Abdruckes nur wenige Details erkennen läßt (02.12.1972).

Nr. 011
001 211 zählte zu den letzten Hofer Schnellzugloks mit Neubaukessel; sie wurde wegen Fristablauf am 21.04.1973 z-gestellt. – Oberlokführer Fischer (Mitte) stellt sich mit seinem Heizer und dem Drehscheibenwärter noch kurz dem Fotografen, bevor er mit seiner Maschine zum Bahnhof dampft und den dort bereits zusammengestellten Eilzug E 1648 nach Bamberg übernimmt.

Nr. 012
Ausfahrt des Eilzuges E 1649 in Bamberg. Vor dem Zug in Doppeltraktion die Hofer 001 211 mit Neubau- und 01 088 mit Altbaukessel (10.03.1973).

Nr. 013
Zu den vier Hofer 001-Lokomotiven, die nach dem Fahrplanwechsel vom 03.06.1973 noch im Einsatzbestand verblieben, gehörte auch die 001 008. Neben Reservediensten fand diese Maschine auch vor dem Personenzugpaar N 3215 Hof–Regensburg bzw. N 3228 Regensburg–Hof Verwendung, bis mit Beginn des Winterfahrplanes 1973/74 am 30.09.1973 der 001-Betrieb endgültig zu Ende ging. – Hier eilt 001 008 mit N 3228 über die Steigung hinter Regenstauf in Richtung Norden (30.07.1973).

052 339-9

◁ *Nr. 014*
Die letzten fünfhundert Meter der »Schiefen Ebene« verlaufen gerade auf Marktschorgast zu. Hier ein Blick auf diesen Streckenabschnitt, vom Führerstand einer Brennkraftlok BR 220 fotografiert. Ganz voraus die Straßenbrücke, links der Friedhof und dahinter die Gemeindekirche von Marktschorgast. Natürlich darf auch ein dampfbespannter Gegenzug nicht fehlen. Hier führt die Hofer 052 339-9 den Personenzug N 2826 nach Lichtenfels. (März 1973).

Nr. 015
Güterzug 16 825 mit 052 450 passiert das talseitige Einfahrtssignal von Marktschorgast. Auch bei der Größe dieses Zuges (ca. 300 t) war ein Nachschub nicht notwendig (02.11.1973).

001 008-2

Nr. 016
Obwohl ein alltäglich gebotenes Schauspiel, so war die Ausfahrt des E 1649 in Bamberg immer ein besonderes Erlebnis. Auf unserem Bild sind 001 008 und 001 150 pünktlich um 16.38 Uhr in Richtung Hof abgefahren.

001 111-4
76
9

◁ *Nr. 017*
Die Brücke der Bundesstraße 303 über die Bahntrasse des unteren Abschnittes der »Schiefen Ebene« bot eine ganz besondere Perspektive. An jenem Wintertage führte die Hofer 001 111 den Eilzug E 1863 (Tübingen–Würzburg–Hof) über die berühmte Steilrampe (10.03.1973).

Nr. 018
Neben den 001 111, 150 und 173 zählte 001 008 zu den letzten Schnellzugdampflokomotiven des Bw Hof und blieb dort bis zum 29.09.1973 im Einsatz. Im Bild führt sie den Personenzug N 3215 Hof–Regensburg, aufgenommen kurz nach der Ausfahrt Ponholz (30.07.1973).
Heute kann die 001 008 als Glanzstück im Rhein-Ruhr-Eisenbahnmuseum in Bochum-Dahlhausen besichtigt werden.

Nr. 019
Mit dem 29. September 1973 endete der letzte planmäßige Einsatz der Hofer 001. Nachdem an diesem Tage die 001 150 den N 3215 von Hof nach Regensburg gebracht hatte, stellte sich im dortigen Bw die nochmals auf Hochglanz gebrachte Schnellzuglok zusammen mit zwei Vertretern der modernen Traktionsmittel, der 218 297 und 118 049, zu einem Abschiedsbild.

Nr. 020
Im Anschluß an die kleine Lokparade (siehe Bild N. 020) schmückten Hofer Eisenbahnfreunde die 001 150 mit Girlanden und Zugschild und würdigten auf diese Weise die letzte planmäßige Leistung, die von einer westdeutschen 01 erbracht wurde. – Hier eine Aufnahme dieser denkwürdigen Fahrt (N 3228 Regensburg–Hof) auf der Steigung zwischen Regenstauf und Ponholz (29.09.1973).

Nr. 021
Im Winter bei eisiger Kälte war dieses Schauspiel für den Heizer auf der 001 008 eine Schinderei, aber für den Fotografen ein Vergnügen. Dank Gestellung einer Schiebelok (Brennkraftlokomotive BR 220) weist dieser Zug eine Geschwindigkeit von ca. 50 km/h auf. Aus dem Diagramm Leistung am Zughaken/Fahrgeschwindigkeit dieser Baureihe ist zu entnehmen, daß sie bei dieser Geschwindigkeit ihr maximale Leistung von ca. 1.850 PSe entwickelt. Da einerseits diesem Diagramm eine Kesselnennlast von 57 kg/m^2h zugrunde liegt und andererseits die Maschinen – wie dies auch der Autor persönlich erlebte – auch mit höherer Kesselbelastung gefahren wurden, konnten auf der »Schiefen Ebene« auch höhere Geschwindigkeiten erreicht werden, als im zuvor genannten Diagramm ausgewiesen.

Nr. 022
Zugbegegnung im Bahnhof Neuenmarkt-Wirsberg: Während 001 008 mit D 854 (Hof ab 12.10 Uhr) ohne Halt passiert, verläßt gerade 001 173 mit D 853 pünktlich um 12.49 Uhr Neuenmarkt-Wirsberg in Richtung Hof. Rechts noch die Silhouette von Lehrlokführer Ludwig Übel vom MA Hof, der den Autor stets gerne auf dem Führerstand begleitete.

Nr. 023
Aus Richtung Oberkotzau kommend, eilt 001 088 mit Schnellzug D 853 ihrem Ziel Hof entgegen. Im Hintergrund eine der bekannten Textilfabriken, die in jenen Zeiten zu den wichtigsten Industriezweigen im Wirtschaftsraum Hof gehörten. – Ein geübtes Auge kann erkennen, daß der Führer auf dieser 001 den Regler bereits zurückgenommen hat und der Bahnhof Hof bald in Sichtweite kommen wird (Juni 1972).

Nr. 024
E 1794 Hof–Würzburg–Stuttgart wartet mit 001 103 im Bahnhof Neuenmarkt-Wirsberg auf das Abfahrsignal (planmäßig 16.42 Uhr).

Nr. 025
Welche geballte Kraft von Dampflokomotiven ausgehen kann, beweist uns diese Ausfahrt der Hofer 001 008 und 001 150 mit E 1649 in Bamberg. Die wenigen Reisezugwagen dieser Garnitur lassen ahnen, daß 001 008 nur Vorspanndienste leistet, um eine Lz (Lokzug) zu vermeiden.

Nr. 026

Die Talfahrten auf der »Schiefen Ebene« besaßen natürlich nicht den Reiz, den wir von packenden Bergfahrten kennen. Aufgrund des starken Gefälles rollten Lokomotive und Wagengarnitur fast von alleine talwärts. Sanftes Anbremsen sorgte dafür, daß nach Buchfahrplan die zulässige Streckengeschwindigkeit nicht überschritten wurde. Benötigte der Eilzug E 1791 auf dem Streckenabschnitt von Neuenmarkt-Wirsberg nach Münchberg (29 km) ganze 33 min Fahrtzeit, durcheilte der talwärts strebende Eilzug E 1648 diese Strecke in nur 27 min! Beim Blick auf die führende Lok 001 150 erkennt das geübte Auge das Arbeiten des Hilfsbläsers, das dem Autor geltende Pfeifsignal sowie die leicht »säuselnden« Sicherheitsventile (02.12.1972).

Nr. 027
Streckenblick aus dem Führerstand der Hofer 001 008 mit Schnellzug D 854 auf dem Abschnitt Falls–Marktschorgast kurz vor der Walddurchfahrt bei Kilometer 85.

Nr. 028
Die Hofer 001 111 mit Schnellzug D 854 durcheilt genau den gleichen Streckenabschnitt, den wir auf der gegenüberliegenden Seite bereits gezeigt haben. Als Identitätsnachweis dürfen die großen Findlinge neben dem Oberbau gesehen werden (26.11.1972).

Nr. 029
Die Hofer 001 131 beim Wasserfassen im Bahnhof Weiden. Dieser Nahverkehrszug N 3228 verließ planmäßig um 13.31 Uhr Regensburg und kam um 15.23 Uhr in Weiden an. Nach einem 52-minütigen Aufenthalt dampfte dieser Zug weiter und erreichte Hof um 18.10 Uhr (12.11.1972).

Nr. 030 ▷
Unser Nahverkehrszug N 3228 mit 001 131 jetzt auf der Fahrt nach Hof bei Windischeschenbach bei schon leichtem Abendlicht (12.11.1972).

Nr. 033
Eilzug E 1649 Ludwigshafen–Würzburg–Bamberg–Hof auf dem letzten Streckenabschnitt der »Schiefen Ebene« kurz vor Marktschorgast. 001 131 leistet hierbei der Zuglok 001 168 Vorspanndienste. Das diese Tour nicht allzu schwer ausfiel, erkennt man an der Zuglok, deren Sicherheitsventile abblasen! An der Vorspannlok sieht man vor dem Schornstein die »Rauchkrawatte«, das typische Merkmal der 01-Neubaukessel.

Nr. 034
Nur noch eine kurze Strecke bis zum Ende der »Schiefen Ebene« in Marktschorgast. 001 180 mit Neubaukessel hatte am 22. April 1973 den Eilzug E 1791 (Würzburg–Bamberg–Hof) am Haken. Am Schluß dieses Zuges schiebt die Brennkraftlokomotive 220 060 nach (Foto A. Schöppner).

Nr. 035
Bei Falls befindet sich im Wald ein kleiner Weiher. 001 088 mit E 1791 (Würzburg–Bamberg–Hof) befindet sich noch auf Bergfahrt, die Teichoberfläche bietet ein unerwartet schönes Spiegelbild (01.05.1973, Foto A. Schöppner).

Nr. 036
Der Scheitelpunkt bei Stammbach ist für den Eilzug E 658 »Frankenland« (Hof–Würzburg–Saarbücken) noch nicht erreicht. In einer Kurve bei Pulschnitzberg (bei Eisenbahnfreunden auch »Pfeifenbogen« genannt, weil wegen des Übergangs rechts im Bild der Lokführer hier pfeifen muß!) führen 001 088 und 001 131 mit gewaltiger Dampfentwicklung den Zug nach Bamberg (28.12.1972, Foto A. Schöppner).

Nr. 037 ▷
Kein Triebfahrzeug verfügt über soviel verschiedenartige Ausdrucksweisen wie die Dampflokomotive. Man sieht ihre gewaltigen Abdampfwolken, man hört ihre lauten Auspuffschläge und man riecht den Geruch von Öl und verbrannter Kohle! Im Bilde sehen wir die Hofer 001 181, wie sie sich mit dem Eilzug E 1791 (Würzburg–Bamberg–Hof) die »Schiefe Ebene« hochkämpft. An jenem Tage hatte der sechs Wagen umfassende Zug keine Schiebelok erhalten. Dieses Bild entstand kurz vor der Blockstelle Streitmühle (10.10.1971, Foto A. Schöppner).

001 202-1
99
7

◁ *Nr. 038*
Auch von Hof in Richtung Bamberg haben die Züge Steigungen zu bewältigen. Bei Poppenreuth macht 001 202 mit Schnellzug D 854 (Hof–Würzburg–Frankfurt/Main), von Münchberg kommend, mächtig Dampf. Der Streckenkilometerstein 99.7 läßt den genauen Fotostandpunkt erkennen (27.12.1972, Foto A. Schöppner).

Nr. 039
Mit nur fünf Wagen am Zughaken war eine Schiebelok nicht vonnöten. An einem schönen Morgen führte 001 173 den Eilzug E 1791 (Würzburg–Bamberg–Hof) die »Schiefe Ebene« hinauf. Der Streckenkilometerstein 77.8 verrät uns, daß sich der Zug kurz vor der Blockstelle Streitmühle befindet. Diese Lokomotive war auch der Star des DB-Filmes »Wie war sie eigentlich, die Dampflokomotive?« und wurde später von den Ulmer Eisenbahnfreunden übernommen. Heute ist sie im Deutschen Technikmuseum Berlin hinterstellt (13.08.1972, Foto A. Schöppner).

Nr. 040
Nach der Blockstelle Streitmühle führt die Strecke in einem weiten Linksbogen in den Wald. Hier sehen wir 001 230 mit Eilzug E 1863 (Stuttgart–Würzburg–Hof) am Anfang des steilsten Abschnittes der »Schiefen Ebene«. Lokführer und Heizer haben bis Marktschorgast noch einige Arbeit zu leisten. Die 001 230 gehörte früher zu den 10 Vierzylinderverbundlokomotiven BR 02 und wurde später in eine Zweizylindermaschine umgebaut (09.10.1971, Foto A. Schöppner).

Nr. 041 ▷
Schnellzug D 853 Nürnberg–Bamberg–Hof am Ende der »Schiefen Ebene« auf der Einfahrtgeraden nach Marktschorgast. Den nur vier Wagen umfassenden Zug führt die Hofer 001 173. Die abblasenden Sicherheitsventile lassen erkennen, daß diese Lokomotive auch kurz vor Ende der Steilrampe noch mit vollem Kesseldruck fährt!

001 173-4
81
3

Nr. 042
Im Bw Hof präsentieren sich 001 180 und 001 168, um aus dieser Perspektive den Unterschied zwischen Neu- und Altbaukessel zu demonstrieren. Konstruktionsseitig war der Neubaukessel auf höhere Leistung ausgelegt, vollständig geschweißt und besaß eine Verbrennungskammer. Wollte man diese konstruktiv bedingte Mehrleistung auch im praktischen Betrieb realisieren, war der Heizer sehr gefordert. Auf dem schlackenfreien Rost wurde ein gleichmäßig durchgebranntes Grundfeuer verlangt, welches permanent in kurzen Abständen mit gutverteilten Streuwürfen auf Weißglut zu halten war. Die Altbau-01 verfügte über eine Rostfläche von 4,41 m^2. Ihre Strahlungsheizfläche lag bei 17, die Rohrheizfläche bei 105,38 und die Verdampfungsheizfläche bei 237,56 m^2. Die Kesselnennlast wurde mit 57 kg/m^{2}h angegeben. Beim DB-Neubaukessel hatte man die Rostfläche auf 3,96 m^2 reduziert. Die wichtige Strahlungsheizfläche kam auf 22, die Rohrheizfläche auf 97,16 und die Verdampfungsheizfläche auf 193,09 m^2. Hier durfte die Kesselnennlast jedoch bei 75 bis 85 kg/ m^{2}h liegen. Bei der Mitteldeutschen Reichsbahn erhielt der Reko-Kessel der 01^5 eine Rostfläche von 4,87 m^2. Die Strahlungsheizfläche war mit 23,5, die Rohrheizfläche mit 97,3 und die Verdampfungsheizfläche mit 224,5 m^2 ausgelegt. Bei einer Kesselnennlast von 75 kg/ m^{2}h konnte dieser Kessel stündlich 16,8 to Dampf erzeugen. Damit war diese Kesselkonstruktion dem DB-Neubaukessel deutlich überlegen.

Nr. 043
Neben den großen 01-Lokparaden kamen im Bw Hof auch kleinere, aber nicht minder reizvolle Szenen zur Ablichtung. Dank der Hilfe von Hannes Haßlocher konnten nach über 32 Jahren fast alle Namen der hier abgelichteten Personen wiedergegeben werden. Obere Reihe (von links): Lokführer Eberhard Müller und Rödiger. Mittlere Reihe (von links): Walter Ollscher, Lokdienstleiter Alfred Rödel I, Heizer Klaus Putzer und zwei weitere Mitarbeiter. Untere Reihe (von links): Hartmut Thiele, ein niederländischer Eisenbahnfreund, der Autor und halbhoch J. B. Kronawitter.

Nr. 044
D 854 Hof–Bamberg–Würzburg beim sichtbaren Beschleunigen kurz hinter Untersteinach auf dem Weg nach Kulmbach. Die nur 225 to umfassende Zuglast stellt in der Tat keine Höchstanforderungen an die Hofer Zuglok 001 173!

Nr. 045
Winterliche, sonnige Morgen waren die besten Voraussetzungen für eindrucksvolle Dampflokaufnahmen. Hier beschleunigt die Hofer 001 131 eindrucksvoll ihren E 1622 in Richtung Kulmbach, aufgenommen kurz hinter Neuenmarkt-Wirsberg.

Nr. 046
Zu den reizvollsten Laufplänen der Hofer Schnellzuglokomotiven zählte der stets mit zwei 01 gefahrene E 658 »Frankenland«. Diese Doppelbespannung resultierte aus der Zusammenfassung der beiden Eilzüge E 658 und E 852, die von Hof aus gemeinsam bis Bamberg liefen. An diesem Tage wurde dieser Doppelpark von den Hofer 001 180 und 001 202 geführt.

Nr. 047
Nicht nur Abdampf, sondern auch viel Rauch schicken die beiden Hofer 001 180 und 001 168 in die Bamberger Bahnhofsluft. Bevor der Eilzug E 1649 um 16.38 Uhr Bamberg verlassen hatte, hätten die Heizer über genügend Zeit verfügt, ein gut durchgebranntes Grundfeuer aufzubauen. Erst bei dem kräftigen Saugzug, der beim Anfahren entsteht, sollte man mit gezielten Streuwürfen weiterheizen. Damit läßt sich zu starker Rußausstoß leicht vermeiden. Denn gerade ein kräftiges Grundfeuer sorgt dafür, daß auch flüchtige Kohleteile noch in der Feuerkiste und Verbrennungskammer verbrannt und nicht nutzlos ins Freie geschleudert werden! Vor der Abfahrt sind auch immer Kesseldruck und Wasserstand im Auge zu behalten und bei der Gefahr zu hohen Druckes mit der Injektorpumpe nachzuspeisen!

Nr. 048
Von zwei Altbau-01 wurde an diesem Maitage der Eilzug E 1649 über die »Schiefe Ebene« geführt. Während der Heizer der Zuglok 001 168 mit seinem Lokführer einen Blick auf die Strecke wirft, ist sein Kollege auf der Vorspannlok 001 088 gerade beim Feuern.

Nr. 049
001 150 mit Eilzug E 1791 Würzburg–Hof auf dem eingleisigen Streckenabschnitt zwischen Marktschorgast und Falls. Nach dem Zweiten Weltkrieg ging mit der Teilung Deutschlands die Bedeutung dieser einstigen Nord-Süd Magistrale zurück, so daß zwischen Marktschorgast und Stammbach das zweite Gleis rückgebaut worden war (Dezember 1972).

Nr. 050
Blick aus dem Führerstand der Hofer 001 150 auf jenem Streckenabschnitt, der schon auf dem gegenüber gezeigten Bild zu finden ist. Von der Zuglok des Schnellzuges D 854 Hof–Bamberg–Würzburg erkennt man nicht nur wieder die zuvor gezeigte Brücke, sondern auch die Trasse des rückgebauten rechten Gleises. Das Laub der Bäume verrät uns, daß nunmehr das Frühjahr Einzug gehalten hat.

Nr. 051
Mit mächtigen Dampfstößen, aber gut durchgebranntem Feuer begegnet uns hier die Hofer 001 168 mit Eilzug E 1863 Tübingen–Würzburg–Bamberg–Hof auf der großen Geraden der »Schiefen Ebene«. Diese Aufnahme entstand am 13.04.1973 kurz vor der Blockstelle Streitmühle.

Nr. 052 ▷
Portrait des »Meisters« auf Zuglok 001 150 des Schnellzuges D 854. Auch von Hauptlokführer Gerhard Trampler durfte der Autor so manches Geheimnis über das richtige Umgehen und fachgerechte Feuern der geschätzten 01 erfahren.

Nr. 053
052 945 vor Güterzug 16825 im winterlichen Oberfranken auf dem Streckenabschnitt Marktschorgast–Falls, aufgenommen bei Streckenkilometer 85 (06.12.1972).

Nr. 054
Die Hofer Güterzuglok 051 889 führt den Ng 16825 von Lichtenfels nach Hof über die »Schiefe Ebene«, aufgenommen kurz nach der Blockstelle Streitmühle. Unterstützung erhielt sie durch die Schublok 044 247. Abdampf und Zylinderentwässerung lassen erkennen, daß die Lokomotive sehr schwer kämpfen muß und nur eine geringe Geschwindigkeit aufweist (07.10.1972, Foto A. Schöppner).

052 945-3

Nr. 055
Die Hofer 052 945 nimmt kurz nach Neuenmarkt-Wirsberg Anlauf auf die »Schiefe Ebene«, der Streckenkilometerstein 75,4 verrät den genauen Standort der Aufnahme. Der Abdampf läßt auf die richtige Arbeitsweise des Heizers schließen. Bei gut durchgebranntem Grundfeuer führen die zeitlich gleichmäßig folgenden und gut plazierten Streuwürfe zu keinen Umweltsünden!

Nr. 056
Schnellzug D 854 Hof–Bamberg–Würzburg kurz nach der Ausfahrt Hof, es führt 001 088. Gerne kam das Hofer Personal der Bitte des Autors nach und zeigte auf der Heizerseite ein freundliches Lächeln (Juni 1972).

Nr. 057
001 202 in Hof. Um ein hintergrundfreies Lokportrait erstellen zu können, wurde die Lok auf ein Rangiergleis noch vor dem Bw Hof vorgezogen (Juni 1972).

Nr. 058
Blick aus ungewöhnlicher Perspektive auf den hinteren Rundschuppen im Bw Hof. Die Schnellzugmaschinen 001 008, 001 211 und 001 168 haben sich zu einer kleinen Lokparade zusammengefunden. Für diese Aufnahme vom Dach des Rundschuppens mußte zuvor der nicht mehr funktionierende Aufstieg instand gesetzt werden. Die schwere Kameraausrüstung wurde per Seilzug auf's Dach befördert.

Nr. 059
Nochmals Dampflokatmosphäre im Bw Hof, hier von dem gegenüberliegenden Rundschuppendach aus gesehen. 052 184 macht sich gerade auf den Weg, um im Güterbahnhof die nächste Leistung zu übernehmen.

Nr. 060
Lokparade im Bw Hof! Alle Lokführer haben auf das Zeichen des Autors die Dampfpfeifen gezogen. Die Führer auf den zwei linken Loks haben es hierbei besonders gut gemeint und verschafften diesem Bild eine fast gespenstische Atmosphäre!

001 008-2
001 180-9
001 168-4

001 211-2

◁ *Nr. 061*
Zwei Persönlichkeiten ist dieses Bild gewidmet, die dem Autor bei allen seinen Vorhaben stets verständnisvoll und tatkräftig zur Seite gestanden sind: Auf der Pufferbohle der 001 211 links Bw-Dienststellenleiter Rudolf Fischer und rechts C-Gruppenleiter Erwin Vogel.

Nr. 062
Noch in den 70er Jahren galt Neuenmarkt-Wirsberg als wichtiger Eisenbahnknotenpunkt, bei dem noch viel zu erleben war. Von der Straßenbrücke aus sehen wir den Dg (Durchgangsgüterzug) nach Bayreuth, geführt von 044 388 des Bw Weiden. Der Dreizylindertakt dieses schweren »Jumbos« ist auch heute noch vielen Eisenbahnfreunden in Erinnerung (09.10.1971, Foto A. Schöppner).

Nr. 063
001 008 und 001 088 verlassen mit Eilzug E 658 »Frankenland« den Bahnhof Neuenmarkt-Wirsberg in Richtung Bamberg (Sommer 1971, Foto John S. Whiteley).

Nr. 064

Noch vor Ende des planmäßigen Einsatzes der Hofer Schnellzugmaschinen BR 01 wurden verschiedene Sonderfahrten für Eisenbahnfreunde durchgeführt, so auch eine in die bayerische Landeshauptstadt. Die Oberaufsicht der Lokomotiven lag meist in den Händen von Lehrlokführer Ludwig Übel (MA Hof). Hier zeigen wir die 001 150 im Bw München Hbf mit den damals Beteiligten (von links): Lehrlokführer Ludwig Übel, Lokführer Rudolf Bär, Heizer Klaus Putzer (beide Bw Hof) sowie der Lehrlokführer vom Bw München Hbf.

Nr. 065
001 008 mit einem sechs Wagen umfassenden Eilzug auf dem letzten Abschnitt der »Schiefen Ebene« bei Streckenkilometer 81.2 kurz vor Marktschorgast. Am Zugende leistet eine Brennkraftlok BR 211 vom Bw Bayreuth Schubdienste (Sommer 1971, Foto John S. Whiteley).

Nr. 066
001 008 und 001 088 haben bei Seulbitz den E 658 »Frankenland« zwischen Hof und Bamberg am Haken. Für 001 088 war es eine ihrer letzten Fahrten. 001 008 hat im Eisenbahnmuseum der DGEG in Bochum-Dalhausen eine neue Bleibe gefunden (01.06.1973, Foto A. Schöppner).

Nr. 067 (Seite 80)
Zu den schönsten und auch letzten Dampflok-Abschiedsfahrten, die nach Neuenmarkt-Wirsberg und weiter über die »Schiefe Ebene« führten, gehörte der von den Ulmer Eisenbahnfreunden am 15. Juni 1975 arrangierte Gesellschaftssonderzug Nürnberg–Hof.
Als Zuglok wurden hierbei 012 061 (ex Bw Rheine) und 023 019 (ex Bw Crailsheim) vorgespannt. Unser erstes Bild zeigt diesen Sonderzug in voller Fahrt im reizvollen Pegnitztal kurz hinter Velden.

012 061-8

012 061-8
80
80
1

Nr. 069
Bei der zweiten Fahrt über die berühmte Rampe fungierte eine weitere ehemalige Länderbahnlokomotive, die 094 730, als Schiebelok. – Das Bild zeigt den Zug kurz vor dem Block Streitmühle.

Nr. 068 (Seite 81)
Die Attraktion dieser Sonderfahrt stellte zweifellos das dreimalige Bezwingen der »Schiefen Ebene« dar. Hier der Sonderzug in der bekannten Doppel-S-Kurve bei Streckenkilometer 80, unterstützt von der als Schiebelok dienenden 078 246 (15.06.1975).

Nr. 070 ▷
Nach der dritten Fahrt über die »Schiefe Ebene« eilte der 11 Wagen umfassende Sonderzug weiter nach Hof. Unsere Aufnahme zeigt – nun wieder ohne Schiebelok – die Ausfahrt bei Marktschorgast.

012 061-8
83
1

41 018
75
4

◁ *Nr. 071*
Die allerletzte Dampflok-Sonderfahrt, die über die »Schiefe Ebene« führte, wurde am 26.09.1976 gemeinsam vom Franckh-Verlag Stuttgart und dem Deutschen Dampflok-Museum in Neuenmarkt veranstaltet. Auch hier waren wieder drei Fahrten über diese Rampe vorgesehen. Unsere erste Aufnahme zeigt den 14 Wagen umfassenden Sonderzug kurz hinter Neuenmarkt.

Nr. 072
Beim ersten Anlauf zur Bezwingung der »Schiefen Ebene« fungierte 41 018 (ex 042 018) als Zug- und 01 1066 (ex 012 066) – rückwärtsfahrend – als Schiebelok. Trotz des kräftigen und vielversprechenden Startes in Neuenmarkt-Wirsberg verlor dieser schwere Zug bereits im unteren Teil der Rampe immer mehr an Fahrt und kam schließlich in der ersten S-Kurve oberhalb des Blocks Streitmühle zum Stehen. Auch mit dem vorhandenen hohen Kesseldruck (16 atü) konnte 01 1066 ihre Leistung nicht entfalten: Wegen der bei Rückwärtsfahrt nicht ausreichend wirksamen Besandungseinrichtung begann die Lok andauernd zu schleudern und mußte somit fast das gesamte Zuggewicht der 41 018 überlassen. – Hier im Bild rollte der Zug als »Sperrfahrt« wieder zurück nach Neuenmarkt-Wirsberg.

Nr. 073
Beim zweiten Anlauf fuhr 01 1066 – nunmehr gedreht – an der Spitze des Zuges und 41 018 schob nach: Mit Bravour donnerten die beiden Lokomotiven mit ihrer schweren Last über die »Schiefe Ebene«! Das Bild zeigt den Zug beim »Schwungholen« kurz vor Beginn der Rampe.

Nr. 074
Auch die dritte und letzte Fahrt dieses Tages über die »Schiefe Ebene« demonstrierte noch einmal die gewaltige Leistung, welche die beiden ölgefeuerten Lokomotiven zu entwickeln fähig waren. – Wieder schiebt 41 018 nach.

Nr. 075
Eine weitere Lokparade, die im Bw Hof stattfand, soll uns dieses Bild in Erinnerung erhalten. Die sieben damals verfügbaren Schnellzuglokomotiven der Baureihe 01 sind nicht nur nach ihren Ordnungsnummern aufgestellt, sondern auch alle ihre vorderen Puffer weiß eingerahmt worden. Im Vordergrund jene Eisenbahner, ohne die solche Besonderheiten nicht machbar gewesen wären. Ihnen ist diese Aufnahme gewidmet (von links): Oberlokführer Erwin Ullmann, zweimal Roderer, C-Gruppenleiter Erwin Vogel, Lokdienstleiter Alfred Rödel II, Lokführer Funk mit seinem Heizer, ein Unbenannter und Drehscheibenwärter Lothar Rödiger.

001 150-2
001 168-4

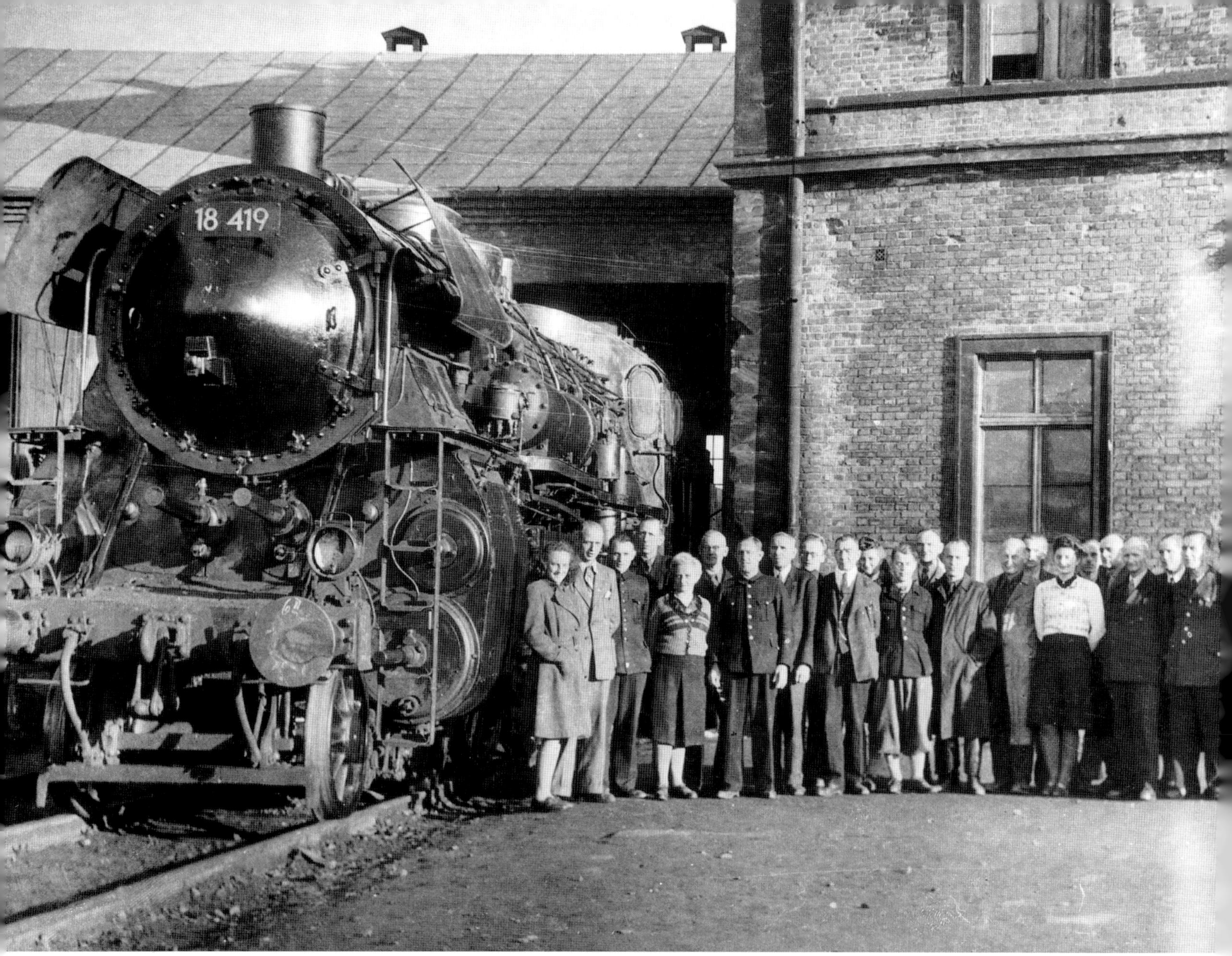

Nr. 076
Ein historisches Dokument erster Güte stellt diese im Jahre 1946 gemachte Aufnahme vom Bw Hof dar. Sie zeigt einen Teil des vorderen Rundschuppens (links) und des Verwaltungsgebäudes (rechts) mit der bayerischen Schnellzuglok S 3/6 Nr. 18 419 (2'C1'4hv) sowie die damaligen Mitarbeiter. Der Dritte von links ist der spätere Dienststellenleiter Fischer vom Bw Hof, der 14. von links J. B. Kronawitter (am Fensterrahmen), der damalige Vorstand des Bw. Die 18 419 erinnert an die verschiedenen Versuche, die Kronawitter mit Windleitblechen durchführen ließ. Zweiter von links Bw Vorstand-Stellvertreter Schade, der später Nachfolger von Kronawitter wurde. Jahre danach ist Schade nördlich von Weiden aus dem Zug gestürzt und hierbei tödlich verletzt worden (Foto J. B. Kronawitter).

Nr. 077
Sechs Jahre nach Ende des Plandienstes der Hofer 01 organisierte der Autor ein Treffen all jener Kollegen, die damals an den gezeigten Sonderaktionen beteiligt waren. Hier die Teilnehmer vor dem im Bw als Denkmal aufgestellten 01-Radsatz (von links): Hannes Haßlocher (B-Gruppenleiter), J. B. Kronawitter, Karl Beyer (Bing MA Hof), der Autor, Erwin Vogel (C-Gruppenleiter), Rudolf Fischer (Bw-Dienststellenleiter), Eckstein (Lehrlokführer MA Hof) und Alfred Rödel II (Lokdienstleiter).

Nr. 078
Mit dem Güterzug Dg 44 805 aus Reichenbach/Vogtland kam am 19.03.1977 auch die letzte, mit eigener Kraft fahrende Dampflokomotive nach Hof. Unser Bild zeigt diesen Zug mit der Vorspannlok 132 104 und der 58 1111 kurz nach dem Überschreiten der bayerischen Grenze.

Nr. 079 ▷
Die 58 1111, eine ehemalige badische G 12, hatte bei dieser Überführungsfahrt am Tender zwei originale Reichsbahn-Windleitbleche eingehängt, die für die 01 111 des Deutschen Dampflok-Museums bestimmt waren.

58 311

◁ *Nr. 080*
Nach dem Eintreffen in Hof wurde die 58 1111 abgekuppelt und Vertretern der DB und des Deutschen Dampflok-Museums übergeben. Nach einer gründlichen Untersuchung der Lok im Bw Hof wurde ihr eine Lauffähigkeit von 40 km/h bescheinigt und die Erlaubnis für die Überführung mit eigener Kraft nach Neuenmarkt erteilt. Gleichzeitig gab man der Maschine ihre ursprüngliche Reichsbahnbezeichnung zurück: 58 311.

Nr. 081
Am Nachmittag des gleichen Tages erhielt um 14.16 Uhr die nunmehr wieder mit 58 311 bezeichnete Maschine das Signal »Fahrt frei« und dampfte als Lz 89 830 mit den vorgegebenen 40 km/h nach Neuenmarkt-Wirsberg. Unsere Aufnahme zeigt die Lok auf der Schödlaser Höhe kurz vor dem Brechpunkt (19.07.1977).

◁ *Nr. 082*
Die schweren Kohlezüge mit Schiebelokunterstützung gehörten zu den imposantesten Leistungen auf dem rampenreichen Teilstück Hartmannshof–Neukirchen der Strecke Nürnberg–Sulzbach–Rosenberg. Hier wird der Güterzug 16 509 von 044 197 (Bw Weiden) geführt ...

Nr. 083
... und von der Schwandorfer 053 063 nachgeschoben. Einige hundert Meter weiter war der Brechpunkt der Steigung erreicht, und die Schiebelok fuhr auf gleichem Gleis als »Sperrfahrt« wieder zurück nach Neukirchen (30.03.1974).

044 654-2

◁ *Nr. 084*
044 654 verläßt bei Sonnenschein und 6 Grad Kälte das Heimat-Bw Weiden und wird gleich vor einen nach Regensburg bereitgestellten Güterzug setzen (12.01.1973).

Nr. 085
Bei Tau, Nebel oder Frost, wenn die Treibräder der Dampflok nur mit kräftigem Sanden vor dem Schleudern zu bewahren waren, galt die störungsfreie Fahrt über eine schwere Rampe als besonderes Kunststück, das nur erfahrene »Meister« sicher beherrschten. – Unser Bild zeigt den mit Kohle beladenen Güterzug 69 239 auf der Fahrt nach Sulzbach-Rosenberg bei Etzelwang (09.03.1974).

Nr. 086
Die zwei Weidener Güterzuglokomotiven 044 197 und 044 427, die dem BZA München oft als Bremslok bei Lastprobefahrten dienten (beide mit Gegendruckbremse), auf Lz-Fahrt in ihr Heimat-Bw in der großen Kurve hinter Weigendorf (Strecke Hartmannshof–Neukirchen, 15.03.1975).

Nr. 087
Güterzug 16 511 Nürnberg–Sulzbach-Rosenberg kurz vor Lehenhammer; es führt 044 077. Im Hintergrund erkennt man das aufgelassene Hammerwerk (06.04.1974).

Nr. 088
Güterzug 6835 Nürnberg–Weiden auf der Steigung bei Etzelwang. Auf den ersten Wagen sind militärische Güter in Kisten verladen, danach folgen zwei amerikanische Kampfpanzer vom Typ M 60. Während 050 167 (Bw Weiden) diesen Zug planmäßig führt, deutet die weiße Dampfwolke ganz hinten am Zugende ...

Nr. 089
... auf die Schwandorfer 052 185 hin, die zwischen Hartmannshof und Neukirchen nachschiebt (30.08.1974).

Nr. 090

Zu den schönsten Abschnitten der Strecke Nürnberg–Sulzbach-Rosenberg zählte die Rampe bei Etzelwang. Ab Hartmannshof wurden Schiebeloks gestellt, die im kleinen Bw von Neukirchen (Außenstelle des Bw Schwandorf) stationiert waren. Im Bild führt 044 654 einen schweren Schrotteisenzug für die Hüttenwerke in Sulzbach-Rosenberg und erhält – gerade noch sichtbar – Schub von 053 121 (Bw Schwandorf) ...

Nr. 091
... die für den schweren Eisenschrottzug gleichfalls ihre volle Leistung mobilisieren muß (06.04.1974).

Nr. 092
Nächtliche Standaufnahmen von Dampflokomotiven galten als beliebtes Motiv, verlangen aber stets lange Belichtungszeiten. Dynamische Nachtaufnahmen sind bisher nicht bekannt geworden. Bis auf zwei in diesem Buche gezeigten Ausnahmen. Diese und die auf den Seiten 248/249 gezeigten Aufnahmen. 044 077 und 051 415 (beide Bw Nürnberg Rbf) verlassen mit kräftigen Auspuffschlägen vor einem schweren Güterzug den nächtlichen Rangierbahnhof Nürnberg in Richtung Hersbruck. Das Bild entstand im Großformat 9x12 (Linhof Supertechnika) mit Unterstützung von 16 Metz-Elektronikblitzen, die über den Hilfs- oder Zündblitz der Kamera und Fotozellen kabellos gezündet wurden.

Nr. 093
Güterzug 6831 verläßt frühmorgens Hartmannshof in Richtung Neukirchen (30.03.1974).

Nr. 094
052 186 und 051 998 mit einem Güterzug Nürnberg–Weiden kurz vor Neukirchen (12.05.1973, Foto: J. S. Whiteley, England).

Nr. 095
050 270 hat mir ihrem Güterzug die Steilrampe hinter sich gebracht und dampft nun weiter nach Sulzbach-Rosenberg. Auf dem ersten Güterwagen wird ein Kampfpanzer der Bundeswehr vom Typ M 48 A1 mitgeführt. Selbst dessen Kennzeichen Y-494 083 ist noch zu erkennen.
– Diese Aufnahme entstand bei Streckenkilometer 46.4 östlich von Neukirchen. Rechts im Bild ist noch die Strecke nach Weiden zu sehen. Auch die beiden Eisenbahnfreunde links sollen Erwähnung finden, weil sie sich auf die Bitte des Autors als Zeitzeugen zur Verfügung gestellt hatten.

050 270-8

Nr. 096
Auf der Steilrampe bei Etzelwang schiebt die Schwandorfer 052 185 den von der Weidener 044 657 geführten schweren Schrotteisenzug nach. Der Streckenkilometerstein 41.6 verrät uns den genauen Standpunkt dieses Bildes.

Nr. 097
044 657 führt den auf Seite 112 bereits beschriebenen Schrotteisenzug bei Etzelwang in Richtung Sulzbach-Rosenberg. Dieses Bild zeigt nicht nur den gesamten ca. 30 Wagen umfassenden Zug, sondern läßt links hinten auch noch die hart arbeitende Schiebelok 052 185 erkennen.

Nr. 098
052 722 und eine Schwestermaschine vor einem Güterzug Nürnberg–Sulzbach-Rosenberg auf der Steilrampe kurz vor der Einfahrt von Neukirchen. Links im Gebüsch steht das Schild »Halt für Rangierfahrten!«.

Nr. 099
Nur ca. 500 m vor dem links gezeigten Standort entstand diese Aufnahme des Güterzuges Nürnberg–Weiden, geführt von 044 487. Der Abdampf der Lok läßt erkennen, daß mit »hellen Feuer« gefahren wird. Die beim Zug durchgehend vorhandene Bildschärfe beweist wieder einmal die Tugenden einer nach Scheinpflug einstellbaren Großformat-Plattenkamera.

Nr. 100
Schnellzug D 1466 Dresden–Hof–Nürnberg–Stuttgart verläßt auf der Strecke durch das Pegnitztal den südlich von Enzendorf gelegenen Vogelherd-Tunnel. – Die Deutsche Gesellschaft für Eisenbahn-Geschichte (DGEG) arrangierte am 21.10.1973 als letzten Abschied von der Baureihe 01 eine Sonderfahrt, die von Nürnberg über Treuchtlingen und Ingolstadt nach Regensburg und wieder zurück nach Nürnberg führte. Die hierfür vorgesehene, noch in Hof verbliebene 001 008 wurde am Tag zuvor im Rahmen einer »Zuführungsfahrt« mit dem hier abgebildeten, normalerweise in 218-Doppeltraktion bespannten Schnellzug von Hof nach Nürnberg gebracht. – Dankend sollen hier die verantwortlichen Hofer Beamten erwähnt werden, die der Bitte des Autors entsprachen und für diese Dokumentation ausnahmsweise die Dampflok nicht hinter, sondern vor die Diesellok spannen ließen. – Strömender Regen und schlechte Lichtverhältnisse erlaubten leider keine bessere Bildqualität.

Nr. 101 ▷
Nach der Ankunft in Nürnberg fuhr die 001 008 ins Bw Nürnberg Rbf. Zum Abschied wurde sie dort mit anderen Maschinen zu einer kleinen Dampflok-Parade aufgestellt (20.10.1973). – Für den Ortskundigen: Diese Aufnahme wurde vom Führerhausdach einer 260 erstellt, die als mobile Fotoplattform diente.

050253-4
001 008-2
044 857-5

053 133-5
001 008-2
044 657-5
21
20
18
17

◁ *Nr. 102*
Nach der besonderen Leistung vor Schnellzug D 1466 (Seite 117) und der kleinen Lokparade (Seite 118) bat der Autor das tüchtige Lokpersonal vom Bw Hof, Lokführer Eberhard Müller (rechts) und Heizer Klaus Putzer, zum Erinnerungsbild auf die Pufferbohle »ihrer« 001 008 (Bw Nürnberg Rbf, 20.10.1973).

Nr. 103
Die zuvor schon beschriebene Sonderfahrt der DGEG als letzten Abschied von der Baureihe 01 führte von Nürnberg über Treuchtlingen und Ingolstadt nach Regensburg sowie wieder zurück. Hier sehen wir 001 008 mit diesem Sonderzug auf der Rückfahrt von Regensburg nach Nürnberg in der Nähe von Beratzhausen. Weil diese Strecke schon seit langem nicht mehr mit Dampflok befahren worden war, wurde dem Hofer Personal ein Streckenlotse vom Bw Nürnberg Rbf beigestellt. Ganz rechts am Bildrand J. B. Kronawitter, Lektor und oftmaliger Begleiter des Autors. Nach geglückter Aufnahme klappt dieser zufrieden lächelnd seine alte Voigtländer Kamera zusammen (21.10.1973).

2. Rheine und Emslandstrecke

In den letzten Jahren des Dampfbetriebes bei der Deutschen Bundesbahn konnte wohl kein anderes Bahnbetriebswerk so viele Besucher aus dem In- und Ausland aufweisen wie Rheine. Dort standen noch bis Mai 1975 die mächtigen, dreizylindrigen Pacifics der Baureihe 012 im schweren Schnell- und Eilzugeinsatz. Weiterhin wurde ein Großteil des Güterverkehrs ebenfalls mit ölgefeuerten Vier- oder Fünfkupplern bedient. Hierzu zählten insbesondere die 4000-t-Erzzüge von Emden nach Rheine, die in der Regel mit 043-Doppeltraktion gefahren wurden. Schließlich fand das Dampflokzeitalter bei der Deutschen Bundesbahn am 26.10.1977 auch in Rheine sein unverrückbares Ende: Als letzte Leistung einer Dampflok brachte 043 903 den Zug 81 453 von Oldersum nach Emden.

Nr. 104
Dampflokparade im Bw Rheine! Zum Abschied sind je zwei Vertreter der damals noch vorhandenen Baureihen 012, 042 und 043 angetreten und lassen gemeinsam ihre Dampfpfeifen ertönen! Für diese Aufnahme wurde das Stativ der Großformat-Kamera auf dem Führerhausdach einer weiteren Dampflok postiert und mit dieser in die gewünschte Position rangiert (29.05.1975). – Erfreulich, daß die beiden hier gezeigten Schnellzuglokomotiven 012 081 und 012 100 der Nachwelt erhalten worden sind.

7
10
11
12
012 081-6
043 094-2
043
012
042
13

Nr. 105
Trotz des großen Betriebsumfanges und der vielen Besucher zeigten Bw-Leitung und Personal in Rheine immer Verständnis und Entgegenkommen, wenn es um die fotografische Dokumentation der nur noch kurz bestehenden Dampflokzeit ging. Als Dank dient diese Aufnahme: Dienststellenleiter Gerhard Plankert (vierter von links) stellt sich mit Lokpersonal zum Abschiedsbild (29.05.1975).

Nr. 106
012 081 mit E 3260 Norddeich–Rheine durcheilt den Einschnitt bei Lathen (02.05.1975).

◁ *Nr. 107*
Schnellzug D 715 Norddeich–Rheine(–Frankfurt–München) in voller Fahrt; Streckenbild von der Heizerseite der Zuglok 012 066 bei 120 km/h, die mit diesem Zug ihre letzte planmäßige Leistung erbrachte (31.05.1975).

Nr. 108
012 063 mit E 2738 Norddeich–Rheine(–Wuppertal–Köln) bei Aschendorf auf der Fahrt nach Süden (30.05.1975).

Nr. 109
Eilzug E 3265 Rheine–Emden nördlich von Meppen, es führt 012 075 (03.05.1975).

Nr. 110

Nicht für die Geschichtsschreibung, aber für Eisenbahnfreunde eine historische Aufnahme: Der letzte in der Geschichte der Deutschen Bundesbahn planmäßig mit einer Dampflok bespannte Schnellzug in voller Fahrt bei Meppen. – An jenem denkwürdigen 31.05.1975 wurde der Schnellzug D 714 (München–)Rheine–Norddeich von der leistungsstarken und immer noch eindrucksvollen Dreizylinder-Pacific 012 081 nach Norden gebracht.

Nr. 111
Blick auf den Führerstand der in voller Fahrt befindlichen Rheiner 012 066: Während links im Bild der Heizer den Ölschieber verstellt ...

Nr. 112
... beobachtet rechts der Lokführer Strecke und Geschwindigkeitsmesser.

Nr. 113
012 100 donnert mit Schnellzug D 715 Norddeich–Rheine(–München) über die nördlich von Lathen im Einschnitt gelegene Steigung (30.05.1975).

Nr. 114
Ein letztes Mal wurde der bereits links gezeigte Schnellzug D 715 am darauffolgenden Tag mit einer Rheiner 012 bespannt. Hier wartet 012 066 im Bahnhof Leer auf das Abfahrtsignal (31.05.1975).

Nr. 115
Schnellzuglokomotive 012 081 im Bw Rheine. Diese ölgefeuerten Dreizylinder-Pacifics waren für eine Höchstgeschwindigkeit von 140 km/h zugelassen. Mit einer Kesselleistung von rund 16,5 to Dampf pro Stunde konnten sie an Zughaken ca. 2.060 PSe erbringen. Die indizierte Zylinderleistung wurde mit 2.470 PSi angegeben. Damit durfte sie als leistungsstärkste Dampflokomotive der Deutschen Bundesbahn bezeichnet werden. Auf der Strecke Rhein–Norddeich durfte sie ihre Höchstgeschwindigkeit von 140 km/h jedoch nicht ausfahren. Wegen der Signalabstände waren diese Strecken nur für 120 km/h zugelassen. – Unsere Aufnahme vermittelt einen klaren Überblick der Gesamtkonstruktion dieser Lokomotive. Links vom Kreuzkopf erkennt man auch das Fangeißen für die Treibstange, wie dies noch einmal bei Bild Nr. 124 beschrieben wird (Mai 1973).

012 081-6

Nr. 116
Während hier 012 066 vor Schnellzug D 735 (Köln–)Rheine–Norddeich mit 120 km/h am Block Mehringen vorbei nach Norden donnert ...

Nr. 117
... beschleunigt mit der gleichen Maschine – jedoch genau vier Wochen später – der Lokführer den Schnellzug D 715 Norddeich–Rheine (–München) auf die zulässige Höchstgeschwindigkeit. Seine linke Hand ruht auf dem Steuerrad, die rechte umfaßt das Zusatzbremsventil (31.05.1975).

043 167-6

Nr. 118
Zu den bekannten Leistungen der Rheiner Güterzuglokomotiven zählten die 4.000 to Erzzüge (Doppelpark), die von Emden ins Ruhrgebiet zu bringen waren. Hier sehen wir die ölgefeuerten Rheiner 043 167 und 042 160 in voller Fahrt im bekannten Einschnitt bei Lathen. Der Streckenkilometer 274.6 verrät den genauen Standort dieser Aufnahme. Daß dieses Bild ohne die im Vorwort beschriebene Regie entstanden ist, erkennt man am Verhalten der beiden Heizer. Während der Erstere unbeteiligt nach hinten schaut, scheint der Letztere sich ein Nickerchen zu gönnen (Mai 1973).

Nr. 119

Trotz der Nachteile, welche die Dampflokomotive gegenüber den modernen Traktionsarten besaß, zogen die meisten Rheiner Lokführer den Dienst auf einer 012 vor und wechselten nur ungern auf den Führerstand einer Diesellok. – Zur Erinnerung an die allerletzte Leistung der 012 066 stellen sich hier die beiden Rheiner Lokführer Bartella und Bruns dem Fotografen (31.05.1975).

Nr. 120
Ein Eisenbahnfreund aus Hannover brachte seine Modellausführung gleicher Nummer mit und nahm so auf ganz persönliche Weise Abschied von der schon links gezeigten 012 066 (31.05.1975).

Nr. 121
Der letzte mit einer Dampfschnellzuglokomotive bespannte Reisezug der Deutschen Bundesbahn wurde am 31.05.1975 mit 012 063 von Rheine nach Emden Hbf gebracht. Das Bild zeigt diesen E 3265 bei Streckenkilometer 262 nördlich von Meppen.

Nr. 122
Blick ins Bw Rheine; 012 081, 043 326 und 012 066 warten auf den nächsten Einsatz (31.05.1975).

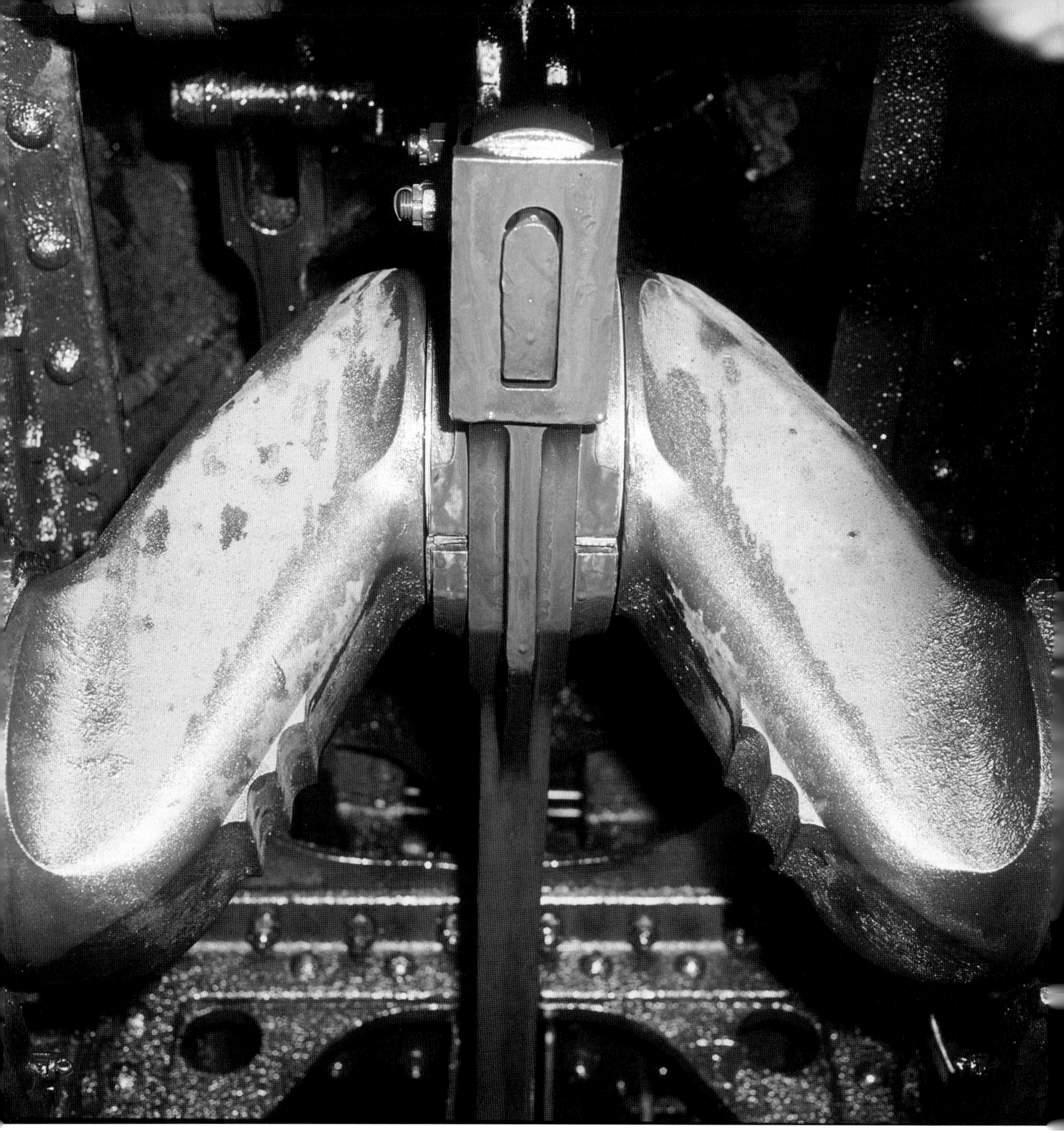

Nr. 123
Die Schnellzuglokomotive BR 012 verfügt über ein Dreizylindertriebwerk, bei dem der dritte Zylinder innen gelagert und um 600 mm nach vorne gezogen ist. Dieser Zylinder wirkt auf die erste Antriebsachse. Trotz des Vorziehens dieses Innenzylinders reduzierte sich die Länge der Treibstange im Vergleich zu den Außenzylindern um ganze 1700 mm. Aus dieser kürzeren Länge resultieren wiederum höhere Winkelkräfte für die Treibstange. Die erste Treibachse ist als Kropfachse ausgebildet und aus Stahl in einem Stück gegossen. Hier werfen wir einen Blick unter die Lok und sehen diese Kropfachse mit Treibstangenlager, Lagerstellkeil und allen anderen Details. Rechts und links sind auch noch Teile der Achslager und des Barrenrahmens zu erkennen.

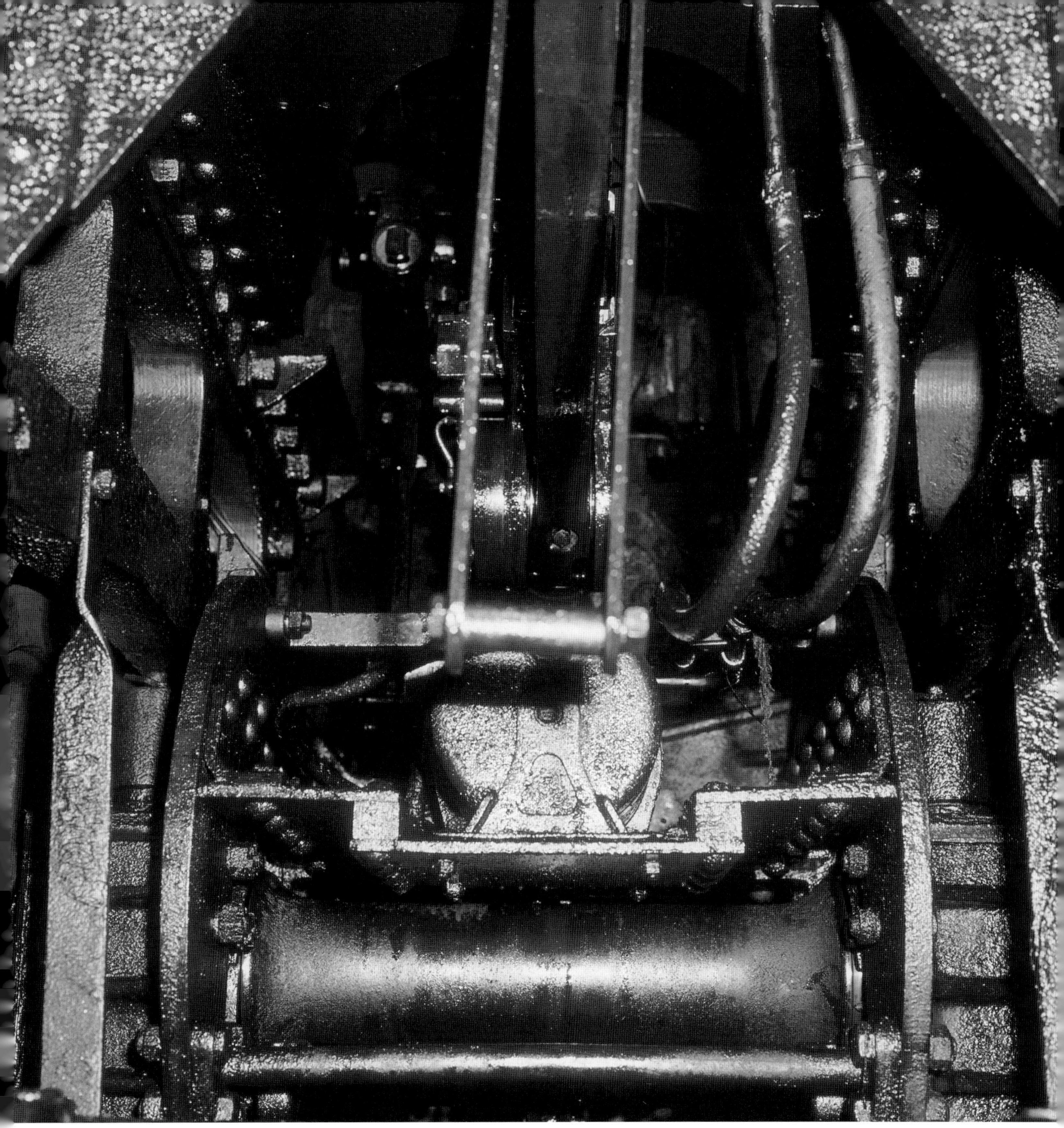

Nr. 124
Ein weiteres Bild, das einem Eisenbahnfreund wohl stets verborgen bleibt: Hier erkennen wir vom Innenzylinder den Kreuzkopf, den vorderen Teil der Treibstange sowie viele weitere Details. Der Rahmen im Vordergrund ist das Fangeisen für die Treibstange, falls diese einmal brechen sollte. Im unteren Teil dieser Aufnahme ist noch das vordere Drehgestell der Lok mit seiner hinteren Laufachse zu sehen. Links und rechts erkennt man Teile des Barrenrahmens.

Nr. 125
Vom Führerstand aus erlebte Zugbegegnung auf der Strecke Rheine–Emden bei Dörpen. Während unsere 012 066 mit Schnellzug D 735 Wuppertal–Norddeich nach Norden eilt, fährt D/E 734 Norddeich–Wuppertal–Köln mit 012 100 nach Süden (28.05.1973).

Nr. 126
012 101 passiert mit Eilzug E 1830 Salzbergen in Richtung Rheine. Die Strahlen der Abendsonne verleihen diesem Bild eine besondere Atmosphäre. – Der mit starkem Rauch versehene Abdampf resultiert aus der Konstruktion der Ölbrenner (Mai 1973).

Nr. 127
Bis auf die Triebwagen beherrschte noch Anfang der 70er Jahre die Dampftraktion fast den gesamten Verkehr auf der Emslandstrecke. Im Bild eilt der abendliche E/N 1809 Münster–Rheine–Leer mit 012 082 gen Norden, aufgenommen bei Salzbergen (Mai 1973).

Nr. 128
Der Einschnitt zwischen Lathen und Aschendorf gehörte zu den meistbesuchten Streckenabschnitten im Emsland. Neben dem sonst flachen Verlauf dieser Nord-Süd-Verbindung weist alleine dieser Teil eine beachtliche Steigung auf. – Hier Eilzug E 3260 mit 012 081 auf der Fahrt nach Süden.

Nr. 129
042 160 fährt mit einem Kesselwagenzug bei Abendlicht in den Bahnhof Salzbergen ein (Mai 1973).

Nr. 130 ▷
Blick über die Kesselscheitel zweier Front an Front stehender Dampflokomotiven der Baureihe 042. Deutlich sind die Überdruckventile, Dampfentnahmestutzen, Pfeife, Reglergestänge und andere Anbauteile zu erkennen.

042 188-

Nr. 131
Mit 10 Wagen am Zughaken verläßt 012 066 mit D/E 734 Nordeich–Wuppertal–Köln den Bahnhof Lingen (Ems) in Richtung Rheine. – Der Neubaukessel mit Ölhauptfeuerung konnte stündlich ca. 16,5 to Dampf erzeugen. Hieraus resultierte eine maximale Zughakenleistung (PSe) von ca. 2.060 PS bei rund 60 km/h. Mit diesen Voraussetzungen waren die Rheiner 012 leicht in der Lage, die vorgegebenen Fahrtzeiten sicher einzuhalten und auch schwerste Reisezüge pünktlich an ihr Ziel zu bringen (Mai 1973).

Nr. 132 ▷
Die ölgefeuerte Schnellzuglok 012 055 wartet im Bw Rheine auf ihren nächsten Einsatz. Die abblasenden Sicherheitsventile zeigen, daß der Kessel schon über Nenndruck steht. Auch ist das Glas der linken Leuchte gebrochen (29.03.1972, Foto A. Schöppner).

012 055-0
7
11

044 472-9

Nr. 133
Blick ins Bw Rheine. 044 472 vom Bw Emden wartet in der Frühlingssonne auf ihren nächsten Einsatz. Wie auch die Baureihe 012 besaß diese Güterzuglokomotive ein Dreizylindertriebwerk. Der Innenzylinder wirkte auf die zweite Achse. Durch die kleineren Treib- und Kuppelradsätze (1400 anstelle von 2000 mm) war dieses Innentriebwerk leichter zugänglich als bei der großrädrigen 012 (Mai 1973).

274
6

◁ *Nr. 134*
Bauzug auf der Fahrt durch den Einschnitt bei Lathen, es führt 042 164 (02.05.1975).

Nr. 135
Auf der Fahrt nach Süden passiert bei strömendem Regen 042 218 mit einem Ölzug den Block Mehringen.

Nr. 136

Die schweren 4000-t-Erzzüge von Emden nach Rheine wurden in der Regel mit zwei 1'E-Lokomotiven der Baureihe 043 oder 044 gefahren. Je nach Verfügbarkeit oder Umlaufplan der einzelnen Maschinen kamen jedoch häufig auch die 1'D 1'-Lok BR 042 zum Einsatz. Während im linken Bild (03.05.1975) der Gdg 52 912 von 043 167 und 042 083 geführt wird ...

Nr. 137
... bringen rechts 042 018 und 043 606 den Gdg 52 918 über die Steigung
bei Lathen (02.05.1975).

044 162-6

◁ *Nr. 138*
Auch die in Emden beheimateten »Jumbos«, die kohlegefeuerten Schwestermaschinen der 043er, wurden zahlreich auf der Emslandstrecke eingesetzt. Hier durchfährt 044 162 mit einem Kohlezug Salzbergen (Mai 1973).

Nr. 139
Südlich des Einschnittes bei Lathen führt die Bahnstrecke durch größere Kiefernwälder. Hier sehen wir 043 167 und 044 569 mit einem 4.000 to Erzzug von Emden nach Rheine im Waldgebiet bei Haren. Es kam des öfteren vor, daß diese »Doppelparks« gemeinsam von Lokomotiven aus Rheine und Emden bespannt wurden (22.05.1974, Foto A. Schöppner).

Nr. 140
042 113 und 042 358 warten im Bw Rheine auf ihren nächsten Einsatz. Diese Baureihe war universell einsetzbar und als ehemalige »Schnellgüterzuglokomotive« sowohl vor Reise- als auch vor Güterzügen zu finden (Mai 1973).

Nr. 141
Treibrad einer Güterzuglokomotive BR 042. Im Vordergrund die Treibstange mit Treibstangenlager, Gegenkurbel und Schwingenstange. Das Gegengewicht des Rades dient dem Massenausgleich (1. Ordnung) und lag in seiner Wirkung bei rund 20%. Einen Hinweis verdienen auch die Scherenbremsen, die Sandungseinrichtungen mit Druckluftbedienung und der gut erkennbare Barrenrahmen.

Nr. 142
Bis zum 15. Januar 1976, an dem die letzten acht in Emden stationierten 044er nach Ottbergen umbeheimatet wurden, konnten die schweren 4000-t-Erzzüge oftmals in gemischter Bespannung beobachtet werden. Während im linken Bild 044 180 und 043 196 am 29.05.1975 als Lz nach Norden eilen ...

Nr. 143
... wird hier dieser 4000-t-Erzzug (Gdg 52 912) von 043 666 und 044 360
mit kräftigen Auspuffschlägen nach Süden befördert (30.05.1975).

Nr. 144
Das Personal der 043 364 wartet im Bahnhof Rheine auf das Ausfahrtsignal (03.05.1975).

Nr. 145
043 321 führt mit einer Schwestermaschine einen 4000-t-Erzzug über die Steigung im Einschnitt bei Lathen (Mai 1975).

Nr. 146
044 671 mit einem Kohlezug auf dem Wege nach Norden, im Hintergrund der Dom von Rheine (Mai 1973).

Nr. 147
Die volle Kraftentfaltung einer Dampflokomotive – beim Anfahren oder auf Steigungen – faszinierte trotz hundertmaliger Wiederholung immer wieder aufs neue: Hier der 4000-t-Erzzug Gdg 52 918 mit 042 018 und 043 666 bei Lathen (30.04.1975).

043 131-2

Nr. 148
043 131 führt eine Leergarnitur zurück nach Emden, aufgenommen in voller Fahrt bei Salzbergen. Ein beladener Doppelpark mit 50 Wagen kam auf 4.000 to Gesamtgewicht, ein unbeladener nur auf rund 1.500 to. In der Regel wurden mit diesen Selbstentladewagen Eisenerz, Kohle oder andere Massen- bzw. Schüttgüter transportiert (Mai 1973).

Nr. 149
044 534 vom Bw Emden eilt als Lz nach Norden, aufgenommen bei Aschendorf, Strecke Rheine–Emden. Ein beliebtes Motiv waren »mitgezogene« Aufnahmen von fahrenden Objekten. In diesem Falle wurde eine niedrige Verschlußzeit (bei Format 6x6 z.B. 1/30sec) gewählt und die Hasselblad auf dem Stativ genau auf Schienenniveau mit der Lokomotive geschwenkt. Hierdurch kam diese Lok zwar scharf zur Abbildung, die Umgebung, der Abdampf und auch die Treib- und Kuppelräder sind nur noch schemenhaft zu sehen (28.05.1975).

Nr. 150
Eine weitere 4.000 to-Garnitur (Doppelpark), wieder im Einschnitt bei Lathen abgelichtet, eilt mit 043 321 und einer Schwestermaschine nach Süden. Der Streckenkilometerstein 274.5 verrät den genauen Fotostandort. Auf der Pufferbohle der ersten Lok ist die Aufschrift »Unt. Bwg. 29.04.1975« angebracht. Dies bedeutet, daß diese Lokomotive noch im April 1975 eine Untersuchung im Ausbesserungswerk Braunschweig erhalten hat. Den genauen Umfang dieser Arbeiten kennen wir aber nicht (Mai 1975).

Nr. 151
Deutlich sichtbar beschleunigen noch im Bahnhof Lathen die beiden kohlegefeuerten Güterzuglokomotiven 044 481 und 044 162 einen 4.000 to Erzzug von Emden nach Rheine. Bei der ersten Lokomotive waren vermutlich wieder Eisenbahnfreunde am Werke und haben die Ordnungsnummer 0 für Dampflokomotiven und die Kontrollziffer rechts unleserlich gemacht (18.09.1973, Foto A. Schöppner).

Nr. 152
Als Lz (Lokzug) eilen eine 043 und eine 042 im Abendlicht nach Norden, aufgenommen nördlich von Meppen. Die noch ganz frische Nachlackierung der führenden Maschine läßt vermuten, daß diese noch vor kurzer Zeit eine Bedarfsausbesserung erfahren hat (Mai 1973).

3. Um Lauda und Crailsheim – Dampfbetrieb im Hohenloher und nordwestlichen Frankenland

Bis zum Beginn des Sommerfahrplanes 1975 konnten die in Crailsheim beheimateten Dampflokomotiven der Baureihe 023 und 050 (-053) noch mit vielfältigen Leistungen aufwarten. Neben Reisezügen nach Heidelberg, Nürnberg, Ansbach und Aalen wurden auf der Strecke Crailsheim–Lauda fast alle Personen- und Güterzüge mit Dampflokomotiven bespannt. Die zahlreichen Steigungen, die kurvenreiche Streckenführung und nicht zuletzt der landschaftliche Reiz der Hohenloher Ebene, des Vorbach- und des Taubertales ließen den Besuch dieser Bahnlinie immer wieder zum Erlebnis werden. In diesem Kapitel ist ihr ein großer Teil gewidmet. Hinzu kamen die verschiedenen Luftaufnahmen, die von Güter- und Reisezügen in jener reizvollen Landschaft entstanden sind. Dies gilt auch für das Bw Crailsheim, welches uns in verschiedenen Vogelperspektiven in Erinnerung erhalten wird.

Nr. 153
Personenzug N 4707 Crailsheim–Ansbach auf der Steigung vor Ellrichshausen, es führt 023 029 (23.02.1974).

Nr. 154 ▷
Mit zwei Maschinen verläßt der Personenzug N 2725 Lauda–Crailsheim den Bahnhof Rot am See. Zur Planlok 023 050 dient 051 795 als Vorspann.

051 795-3
14
3

Nr. 155
Vom Jahresbeginn 1970 bis zum Juli 1971 kamen im Raum Lauda Schnellzuglokomotiven der Baureihe 003 vom Bw Ulm zum Einsatz. Hier sehen wir 003 276 vor Eilzug E 1910 nach Ulm aus dem Bahnhof Lauda ausfahren. In jener Zeit galt Ulm als Auslauf-Bw für diese letzten Flachland-Pacifics. Diese Baureihe zählte nicht zu den Favoriten des Autors, weil sie nur eine mäßige Leistung zu bieten hatte und bei höheren Geschwindigkeiten sehr unruhig lief. Vergleichbare Pacifics, die in Frankreich oder England zur gleichen Zeit eingeführt wurden, wiesen wesentlich bessere Eigenschaften auf (11.10.1970, Foto A. Schöppner).

Nr. 156

003 088 im Bw Ulm. Waren im Januar 1971 dort noch 10 dieser leichten Pacifics zu finden, konnte dieses Bw zum 01.02.1972 nur noch über drei Maschinen verfügen. Ulm war auch das Auslauf-Bw dieser leichten Schnellzugmaschinen. Unsere 003 088 hatte die Ehre, die letzte Maschine ihrer Baureihe im Plandienst zu sein. In Kenntnis der Pacific-Konstruktionen in England, Frankreich und den USA hat der Autor nie einen Hehl daraus gemacht, daß diese Reichsbahnbaureihe nur als technischer Durchschnitt zu werten ist. Heute ist dies Geschichte!

Nr. 157
Von Weikersheim bis Schrozberg führt die Tauberbahn nach Crailsheim durch das Vorbachtal immer bergauf. Die größte Steigung mit 1:70 ist zwischen den Bahnhöfen Niederstetten und Schrozberg. Am 16. Mai 1970, einem Sonntag, hat 003 248 mit dem Nahverkehrsschnellzug N 1872 (Lauda–Backnang) bei Oberstetten alle Kraft aufzubieten, um die Fahrtzeit des Fünfwagenzuges zu halten (Foto A. Schöppner).

Nr. 158 ▷
Mit mächtigen Auspuffschlägen verläßt 003 168 mit Eilzug E 1910 den Bahnhof Lauda in Richtung Ulm. Links ist noch der Aufsichtsbeamte zu sehen, der dem Lokführer den Abfahrauftrag erteilt hat (20.12.1970, Foto A. Schöppner).

LAUDA
003 168-2

003 131-0

◁ *Nr. 159*
003 131 mit Eilzug E 1910 (Lauda–Ulm) in voller Fahrt, aufgenommen kurz vor dem Einfahrsignal vom Bahnhof Königshofen. Der nur fünf Wagen umfassende Eilzug stellt keine allzu große Herausforderung für diese Schnellzuglokomotive dar. Mit der hier gezeigten Anhängelast von ca. 210 to könnte sie auch noch eine 5‰ Steigung mit einer Geschwindigkeit von rund 110 km/h nehmen (18.04.1971, Foto A. Schöppner).

Nr. 160
Auf der Strecke zwischen Lauda und Crailsheim wird kurz nach dem Bahnhof Niederstetten ein Bergsporn mit dem Schloß Haltenbergstetten untertunnelt. 003 248 hat mit Eilzug E 1910 (Lauda–Crailsheim–Ulm) gerade diesen 272 Meter langen Niederstettener Tunnel verlassen und nimmt Anlauf auf die Steigung bei Schrozberg (20.05.1971, Foto A. Schöppner).

◁ *Nr. 161*
Die Eisenbahn aus der Vogelperspektive: Personenzug N 7511 Lauda–Crailsheim, ausnahmsweise in Doppelbespannung, durcheilt das morgendliche Taubertal bei Edelfingen (25.04.1975, Luftaufnahme von der Regierung in Oberbayern unter GS 300/6969 freigegeben).

Nr. 162
Zur Mittagszeit verkehrte zwischen Bad Mergentheim und Weikersheim ein Personenzug, bei dem die eingesetzte Baureihe 023 auf der Hinfahrt (N 2809) normal, auf der Rückfahrt (N 2722) Tender voraus fuhr, da in Weikersheim keine Drehmöglichkeit bestand. Das Bild zeigt diesen Zug auf der Tauberbrücke kurz vor Weikersheim, im Hintergrund links Ort Elpersheim (16.03.1974).

Nr. 163
Zwei Crailsheimer 50er mit Güterzug Dg 56 391 passieren auf der Steigung nach Niederstetten den Haltepunkt Vorbachzimmern. Die ersten drei vierachsigen Schwerlasttransportwagen sind mit Schützenpanzern vom Typ »Marder«, die zwei folgenden sechsachsigen mit amerikanischen Brückenlegepanzern beladen (08.03.1975).

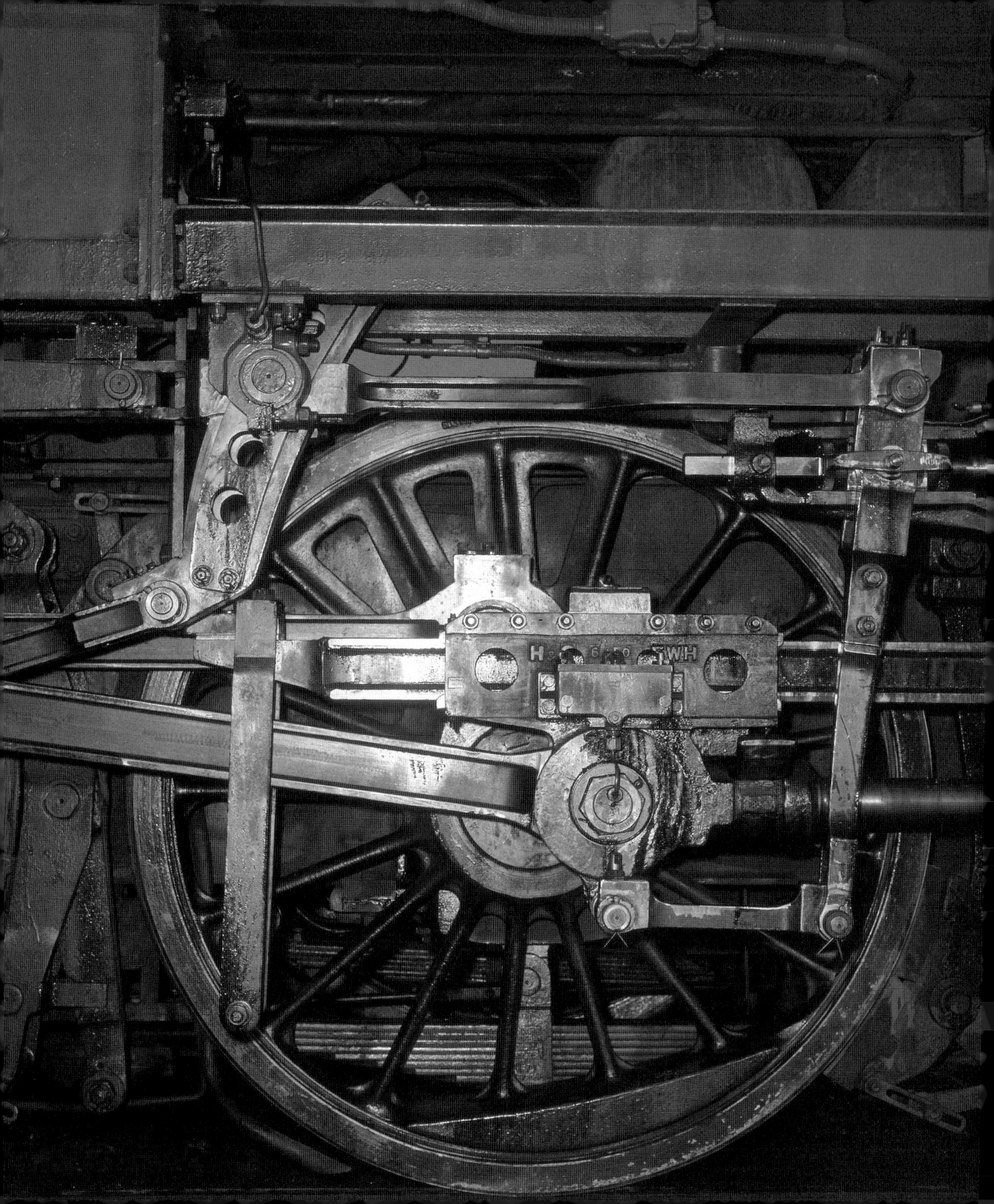

◁ *Nr. 164*
Kreuzkopf einer Personenzuglokomotive BR 023, dahinter das erste Kuppelrad. Von der Kreuzkopfgleitplatte über das Treibstangenlager bis hin zu dessen Schmiergefäß sind alle Details dieser relevanten Maschinenkomponenten zu sehen. Fast wie wenn man vor der Lokomotive stehen würde (Mai 1973).

Nr. 165
052 988 und 023 030 verlassen mit dem Personenzug N 7543 Königshofen in südlicher Richtung. Die geringe Zuglast von nur vier Wagen zeigt, daß die erste Lok nur zur Vermeidung einer Leerfahrt vorgespannt wurde (22.03.1975).

023 018-5
EDELFINGEN

◁ *Nr. 166*
Personenzug N 7523 Lauda–Bad Mergentheim verläßt mit 023 018 und 023 030 Edelfingen in südlicher Richtung (01.03.1975).

Nr. 167
Der morgendliche Personenzug 7511 Lauda–Crailsheim wurde an jenem schönen Märztage von 023 002 geführt, aufgenommen zwischen Niederstetten und Schrozberg. Nur wenige 100 Meter nördlich von dieser Stelle geschah 2003 das schreckliche Eisenbahnunglück mit dem Frontalzusammenstoß von einem Triebwagen und einem von einer Brennkraftlok geführten Reisezug. – Während bei dieser Aufnahme die Schienenköpfe punktscharf abgebildet sind, läßt die Lok eine leichte Bewegungsunschärfe erkennen. Auch diese Aufnahme folgt den optischen Gesetzen, die auch eine Großformatkamera mit maximal 1/500 sec Verschlußzeit nicht außer Kraft setzen kann (28.03.1975).

Nr. 168
Die Crailsheimer 023 039 hat mit N 3873 (Würzburg–Lauda–Osterburken) den 272 Meter langen Eubigheimer Tunnel verlassen und eilt im Gefälle zum nächsten Halt Eubigheim (16.06.1973, Foto A. Schöppner).

Nr. 169
Auf der Steigung zwischen Niederstetten und Oberstetten führt 051 362 einen schweren Güterzug bergwärts. Am Zugende schiebt 044 558 nach. Im fernen Hintergrund ist noch das Schloß Haltenbergstetten zu erkennen. Der Güterzug selbst weist eine interessante Vielfalt auf. An dritter Position erkennt man einen mit Kessel beladenen Tiefladewagen. Danach folgen acht verladene Kampfpanzer vom Typ M 48 und zum Schluß hochbeladene Niederbordwagen. Kein Wunder, daß bei dieser Anhängelast eine Schiebelok vonnöten war (02.10.1971, Foto A. Schöppner).

Nr. 170
Der Güterzug Sg 5321 mußte im Bahnhof Königshofen einen Zwischenhalt einlegen, um einen vorrangigen Eilzug vorbeizulassen. Nach erteiltem Abfahrauftrag legen sich die Lokomotiven 023 006 (Bw Crailsheim) und 052 759 (Bw Heilbronn) mächtig ins Zeug, ihren schweren Zug wieder in Fahrt zu bringen. Noch in den 60er Jahren hatte dieser Zug immer donnerstags eine größere Anzahl von Kühlwagen mitgeführt, die mit Fischen von den deutschen Nordseehäfen kamen. Diese Funktion brachte dem Sg 5321 auch den Namen »Fischzug« ein (Foto A. Schöppner).

Nr. 171 ▷
In der kalten Jahreszeit ist die Kondensation des Abdampfes besonders gut. Mit Nahverkehrsschnellzug N 2712 von Lauda verläßt 023 040 den Bahnhof Königshofen in Richtung Crailsheim–Backnang (31.12.1970, Foto A. Schöppner).

023 040-9

Nr. 172
Der hölzerne Fußsteg zum Bw Crailsheim bot nicht nur einen schönen Überblick, sondern auch eine gute Gelegenheit, ein- und ausfahrende Lokomotiven von oben abzulichten. Hier sehen wir 052 580 auf dem Wege zum Bahnhof Crailsheim. Loknummer und Kessel verraten, daß es sich hier um eine BR 50 ÜK handelt (14.04.1971, Foto A. Schöppner).

Nr. 173
260 780 und 053 097 verlassen mit einem schweren Güterzug den Bahnhof Crailsheim, um diesen nach Heilbronn zu bringen. Die als Vorspann dienende Rangierlokomotive BR 260 780 war wohl nur zur Vermeidung eines Lz (Lokzug) zu diesem Einsatz gekommen.

044 953-8

◁ *Nr. 174*
Portrait einer schweren Güterzuglokomotive 044 953. Die mit Blitzlicht unterstützte Aufnahme läßt deutlich den Innenzylinder nebst Schieberkasten erkennen.

Nr. 175
Am Vormittag des 14. April 1971 verläßt die Güterzuglokomotive 044 346 mit dem schweren Dg 7205 den Güterbahnhof Crailsheim in Richtung Ansbach–Nürnberg. Auf Strecken mit langen Steigungen und schwerer Anhängelast stellte die Baureihe 44 hohe Anforderungen an den Heizer. So kam es, daß auf manchen Strecken diese Lok sogar mit zwei Heizern gefahren wurde. Die Frage, warum auf dieser schweren Dampflok keine mechanische Rostfeuerung (Stoker) zum Einbau kam, wie wir dies aus den USA, Frankreich, Südafrika und der Tschechoslowakei kennen, konnte kein Mitarbeiter der DB dem Autor sachlich begründen (Foto A. Schöppner).

Nr. 176
023 058 donnert mit Personenzug N 7511 Lauda–Crailsheim die Steigung bei Schrozberg hoch (29.03.1975).

Nr. 177
Vor einem Güterzug nach Ansbach überqueren beide 50er die Jagstbrücke in Crailsheim (25.04.1975, Luftaufnahme von der Regierung in Oberbayern unter GS 300/6969 freigegeben).

Nr. 178
Selten schien die Sonne so schön und blieb die Luft so kalt wie an jenem 8. März des Jahres 1975, an dem hier der Personenzug N 7511 mit 023 067 und mächtigen Auspuffschlägen Satteldorf in Richtung Crailsheim verläßt.

Nr. 179
Zu den besonderen Erlebnissen auf der Strecke Lauda–Crailsheim gehörte der samstags immer in Doppeltraktion gefahrene Güterzug 56 391, den wir hier mit 052 406 und einer Schwestermaschine auf der Steigung bei Oberstetten sehen. Die Vertreter der modernen Traktionsmittel werden den Eisenbahnfreund längst nicht mit einer derartig sichtbaren Kraftentfaltung begeistern können (29.03.1975).

Nr. 180
Blick ins Bw Crailsheim – aus der Vogelperspektive! Trotz der fortschreitenden Verdieselung stehen rechts vor dem Rundschuppen zwei 50er unter Dampf. Bei der Drehscheibe links oben erkennt man neben zwei weiteren 50ern noch eine Lok Baureihe 23 (25.04.1975, Luftaufnahme von der Regierung in Oberbayern unter GS 300/6969 freigegeben).

Nr. 181
In Königshofen wird das hier in die Tauber mündende Flüßchen Umpfer von den Bahnlinien Lauda–Osterburken und Lauda–Crailsheim gekreuzt. 023 018 mit dem Nahverkehrsschnellzug N 5873 (Würzburg–Osterburken) hat den Bahnhof Königshofen verlassen und überquert auf der Brücke diesen kleinen Wasserlauf. Wenige Wochen später war diese Aufnahme nicht mehr möglich, da Elektrolokomotiven der Baureihe 144 diese Leistungen übernommen hatten (23.03.1975, Foto A. Schöppner).

Nr. 182
Luftaufnahmen besitzen schon bei reinen Landschaftsportraits einen besonderen Reiz. Luftaufnahmen von dampfgeführten Zügen können aber für Eisenbahnfreunde noch reizvoller sein. Daß solche Fotos mit besonderem Aufwand verbunden sind, soll hier kurz erläutert werden. Hier sehen wir den Autor kurz vor dem Start. In den Händen hält er eine Linhof Aerotechnika, eine vollautomatische Luftbildkamera im Format 4x5 inch (Zoll). Alle Verstellfunktionen dieses Fotoapparates erfolgen elektromotorisch. Der 4 inch breite Rollfilm wird gleichfalls mittels Elektromotor transportiert und bei Belichtung über ein Vakuum auf der Fotoplatte gehalten. Eine Luftzielvorrichtung und ein Entfernungsmesser dient der genauen Einstellung der Bildschärfe. Als »Fliegender Untersatz« für diese Luftaufnahmen diente ein einmotoriges Luftfahrzeug vom Typ Do 27. Diese Maschine fand sowohl bei den Heeresfliegern der Bundeswehr als auch in zivilen Bereichen Verwendung. Seine Langsamflugeigenschaften sind besonders hervorzuheben. Damit der Autor freies Schußfeld hatte, wurde vor dem Start die linke Kabinentüre ausgehängt.

Nr. 183 (Seite 206)
Bw Crailsheim, Rundschuppen und Drehscheibe aus der Vogelperspektive. Neben den drei abgestellten Güterzuglokomotiven BR 50 erkennt man auf dem Rundschuppendach als Schatten die Silhouette der Do 27.

Nr. 184 (Seite 207)

Das Bw Crailsheim noch aus anderer Vogelperspektive mit Bereichen, die unsere Eisenbahnfreunde nur selten zu Gesicht bekommen haben. Es sind die Gleise (Stände) zur Lokbehandlung. Am unteren Teil des Bildes erkennt man die Gleise für das Ausschlacken und das Entfernen der Lösche. Oben wiederum sieht man die zweiständige Bekohlungsanlage, Kohlenkran und Kohlenvorrat. Rechts davon stehen reihenweise ausgemusterte Dampflokomotiven der Baureihe 023, 050 und sogar eine 064. An der hinteren Drehscheibe parken vier Brennkraft- und drei Dampflokomotiven. Links neben dieser Drehscheibe erkennt man sogar noch die Ausblas- und Reinigungsvorrichtung für die Heiz- und Rauchrohre der Dampflokkessel.

Nr. 185

Personenzug N 5864 Osterburken–Würzburg beim Verlassen von Lauda, es führt 051 575 (29.03.1975).

Nr. 186
Güterzuglokomotive 053 097 im Bw Crailsheim. Diese Maschine gehörte zu den letzten 50ern, die noch mit Wannentender ausgerüstet waren. Auch mit ihr wurden noch einige Sonderfahrten durchgeführt (16.02.1974).

Nr. 187
023 058 verläßt mit dem morgendlichen Personenzug N 7511 Lauda–Crailsheim Königshofen in Richtung Edelfingen (22.03.1975).

Nr. 188

Mit Bravour bringt 023 030 den Personenzug N 4707 Crailsheim–Ansbach über die Steigung vor Ellrichshausen. Oberlokführer Fuchs vom Bw Crailsheim demonstriert hier noch einmal, was in einer 23er stecken kann. So liegt die Geschwindigkeit dieses Zuges bei ca. 90 km/h (16.02.1974). – Die indizierte Leistung der BR 023 wird mit 1.785 PSi angegeben. Die Zughakenleistung kommt auf ca. 1.470 PSe. Unter Berücksichtigung von Anhängelast (Zuggewicht), Steigung und der genannten Geschwindigkeit muß Oberlokführer Fuchs seine Maschine kurzzeitig mit einer Kesselbelastung von fast 85 kg/m^{2}h gefahren haben. Und dies bedeuten rund 1.530 PSe am Zughaken!

Nr. 189
Nochmals ein Blick aus der Luft: Personenzug N 7511 Lauda–Crailsheim auf der Fahrt durchs Vorbachtal. Die Form des Hanges und die aufgeschütteten Steinhaufen erinnern an die Zeit, als hier noch in größerem Umfang Weinbau betrieben wurde (25.04.1975, Luftaufnahme von der Regierung in Oberbayern unter GS 300/6969 freigegeben).

Nr. 190
023 028 und 023 038 bringen den Personenzug N 2725 Lauda–Crailsheim über die Steigung nach Oberstetten, im Hintergrund das Schloß Haltenbergstetten bei Niederstetten (16.02.1974).

Nr. 191
Güterzug Crailsheim–Ansbach auf der Steigung kurz hinter Crailsheim, es führt 050 456. Die Auspuffschläge lassen erkennen, daß der Zug hier nur eine Geschwindigkeit von ca. 20 km/h aufweist und die Lok schwer arbeiten muß (23.02.1974). Bei der Konstruktion einer Dampflokomotive kann man von der Annahme ausgehen, daß für 1.000 PSe (Zughakenleistung) der Kessel rund 8 to Heißdampf pro Stunde liefern muß (bei 16 atü Kesseldruck). Die indizierte Leistung der Güterzuglok BR 50 wird mit 1.625 PSi angegeben. Die Zughakenleistung liegt bei ca. 1.350 PSe, das heißt der Kessel liefert dann stündlich ca. 10,8 to Dampf!

Nr. 192
Personenzug N 7543 Lauda–Crailsheim hat die schwere Steigung vor Schrozberg hinter sich gebracht und fährt gleich in den Bahnhof ein. Der strömende Regen scheint die beiden Lokführer auf 052 838 und 023 067 nicht zu stören (19.03.1975).

Nr. 193
050 456 im Bw Crailsheim. Nachträglich erhielt diese Maschine im Tausch einen Kessel der Kriegsbaureihe 52 (26.04.1975).

050 456-3

Nr. 194
Tender an Tender gekuppelt verlassen 023 002 und 023 020 mit Personenzug N 7523 Königshofen und dampfen in Richtung Edelfingen (26.04.1975).

Nr. 195
Selten schien die Sonne so schön und blieb die Luft so kalt wie an jenem 8. März des Jahres 1975, an dem N 7523 beim Verlassen von Königshofen aufgenommen wurde.

Nr. 196
Nochmals die Ausfahrt Rot am See aus anderer Perspektive. Diesmal wird der N 2725 Lauda–Crailsheim von 051 795 und 023 002 geführt (23.02.1974).

Nr. 197 ▷
051 575 verläßt mit N 7531 Wallhausen in Richtung Crailsheim.

023 016-9

◁ *Nr. 198*
Durch den Reichenberger Grund befördert 023 016 mit sichtbarer Anstrengung den Nahverkehrsschnellzug N 5873 (Würzburg–Lauda–Osterburken) die Steigung nach Geroldshausen hinauf. Beachtenswert ist auch die Zuggarnitur. Der Streckenkilometer 150.9 verrät uns den genauen Fotostandort (01.09.1974, Foto A. Schöppner).

Nr. 199
Auf der eingleisigen Strecke Crailsheim–Lauda–Wertheim–Aschaffenburg verkehrt an Werktagen ein Güterzugpaar mit Lademaßüberschreitung. Mit diesen Zügen werden z.B. Röhren, Mähdrescher, Panzer, große Maschinen, Lokomotivkästen und sogar fabrikneue Lokomotiven transportiert. Am 22.09.1973 mußte 052 838 nach einem Halt am Einfahrsignal von Königshofen den Dg 7890 (Nürnberg–Aschaffenburg) wieder in Fahrt bringen. Der erste Teil des Wagenparks ist noch einsehbar. So folgt der Lokomotive ein sechsachsiger Schwerlasttransportwagen, dann ein mit Kessel beladener Tiefladewagen und schließlich wieder Schwerlasttransportwagen mit Panzerhaubitzen des Typs M 109 (Foto A. Schöppner).

Nr. 200
Bis zur Aufnahme des elektrischen Betriebes zwischen Würzburg und Neckarelz am 01.06.1975 wurden die Nahverkehrszüge auf dieser Strecke noch mit Dampflokomotiven bespannt. Am 06.12.1970 verläßt 023 059 mit dem Nahverkehrsschnellzug N 2342 (Würzburg–Heidelberg) den Bahnhof Königshofen. Das gerade zu überquerende Flüßchen ist die zuvor schon genannte Umpfer, die im weiteren Verlauf in die Tauber mündet (Foto A. Schöppner).

Nr. 201
Eisige Kälte, strahlender Sonnenschein und Schnee waren die besten Voraussetzungen für ein geglücktes Winterbild. Bei einer derartigen Gelegenheit verließ 050 406 mit Nahverkehrsschnellzug N 2724 den Bahnhof Königshofen in Richtung Crailsheim (31.12.1970, Foto A. Schöppner).

Nr. 202
Mit dem 27. September 1975 endete auch auf der Strecke Crailsheim–Lauda–Wertheim der planmäßige Einsatz von Dampflokomotiven. Am 02.05.1975 fährt 023 019 mit dem Nahverkehrsschnellzug N 5668 (Lauda–Wertheim) in den Bahnhof Wertheim/Main ein. Im Hintergrund grüßt die Burg Wertheim über der idyllischen Altstadt. Die Burg Wertheim ist eine der ältesten und am besten erhaltenen großen Burgen Süddeutschlands. Sie war einst Sitz der Grafen von Wertheim (Foto A. Schöppner).

Nr. 203
023 040 im Bw Crailsheim. Der Lokführer setzt seine Maschine etwas zurück, um für die Großformatkamera Treib- und Kuppelstangen in die gewünschte Position zu bringen.

◁ *Nr. 204*
052 988 hat größte Mühe, den »grenzlastnahen« Güterzug Dg 64 565 über die Steigung bei Oberstetten zu bringen. – Auch hier noch eine kurze Betrachtung zur Dampflokomotive. Ganz einfach ausgedrückt, können mit der Verbrennung von einem Kilogramm Steinkohle (Heizwert 7.500 WE) rund acht Kilogramm Heißdampf mit einem Druck von 16 atü erzeugt werden. Die maximale Zughakenleistung der BR 50 liegt bei ca. 1.350 PSe. Würde diese Leistung über eine Stunde gehalten werden müssen, hätte der Kessel ca. 10,8 to Dampf pro Stunde zu liefern. Und dies wiederum bedeutet für den Heizer, daß in der Stunde ca. 1.354 kg und pro Minute ca. 22,5 kg Kohle zu verfeuern sind!

Nr. 205
Zugkreuzung auf der Strecke Lauda–Bad Mergentheim. Auf Gleis 1 im Bahnhof Königshofen wartet 023 012 mit dem Nahverkehrsschnellzug N 7571 (Lauda–Weikersheim). Aus Bad Mergentheim fährt 052 890 mit dem Nahverkehrsschnellzug N 7580 ein. Durch Rückbau auf zwei Durchgangsgleise mit Abzweig nach Bad Mergentheim sind hier derartige Kreuzungen heute nicht mehr möglich (20.05.1975, Foto A. Schöppner).

4. Abschied von der Dampflok – Sonderfahrten im süddeutschen Raum

Im Gegensatz zu anderen Bundesländern konnte sich – wenn auch auf ein Minimum beschränkt und nur inselweise – der Dampfbetrieb in Württemberg bis zum Jahre 1976 halten. Hinzu kam noch, daß dort gleichzeitig die letzten Vertreter preußischer Reisezuglokomotiven beheimatet waren. Diese Maschinen der Baureihe P 8 (038) und T 18 (078) bespannten eine Vielzahl von Sonderzügen und wurden auch als »Fotoobjekt« den modernen Einheitslokomotiven oftmals vorgezogen. Die Deutsche Gesellschaft für Eisenbahngeschichte (DGEG), die Eisenbahnfreunde Zollernbahn (EFZ), die Ulmer Eisenbahnfreunde (UEF), der Eisenbahn-Kurier (EK) sowie andere Interessengruppen veranstalteten jene Sonderfahrten, die wir mit diesem Kapitel noch einmal in Erinnerung bringen wollen.

Nr. 206
038 711 und 038 772 auf Sonderfahrt im Schussental, Strecke Friedrichshafen–Ulm (03.06.1973; Foto C. Asmus, Weilheim).

Nr. 207
078 246 und 038 722 verlassen mit einem Gesellschaftssonderzug den Bahnhof Trossingen in Richtung Rottweil (29.04.1973).

Nr. 208
Für die Sonderfahrten am Samstag, den 6. und Sonntag den 7. April 1974, wurden die beiden Tenderlokomotiven 078 246 und 064 491 eingesetzt. Bei der Überführung von Rottweil nach Tübingen durcheilen sie als Lz frühmorgens das Neckartal bei Talhausen (06.04.1974).

Nr. 209
Der erste dieser beiden Extrazüge führte nachmittags von Tübingen nach Onstmettingen auf der Alb und zurück. Hier die Ausfahrt in Bisingen (06.04.1974).

Nr. 210 (Seite 234)
Am zweiten Tag ging es dann von Tübingen wieder über die Zollernalb nach Sigmaringen und von dort weiter nach Friedrichshafen. Hier der Zug beim Verlassen von Mössingen (07.04.1974).

DB
78 246

78 246
48
3

Nr. 211 (Seite 235)
Beim Halt in Balingen setzte 064 491 an den Zugschluß um und diente bei der Weiterfahrt nach Ebingen als Schublok. Hier der zehn Wagen umfassende Sonderzug bei Dürrwangen (07.04.1974).

Nr. 212
Eine weitere Sonderfahrt der EFZ begann mit der EK eigenen Schlepptenderlokomotive 24 009 in Stuttgart und ging über Freudenstadt nach Hausach. Ab Freudenstadt wurde – anstelle der ursprünglich eingeplanten P 8 – dem Zug noch 078 246 vorgespannt. Somit entstanden auch für die Rückfahrt des sieben Wagen umfassenden Sonderzuges über die steigungsreiche Strecke durchs Kinzigtal keine Zugkraftprobleme. – Aus Richtung Hausach hier die Einfahrt Schenkenzell (21.04.1974).

Nr. 213
Eine weitere imposante Leistung an diesem Tage bestand in der Überwindung der 25‰-Rampe vor Lautlingen auf der Strecke Balingen–Ebingen. Mit nur noch rund 15 km/h fährt der Gesellschaftssonderzug E 20 079 in die Bahnhofs-Gerade von Lautlingen ein (29.12.1974).

Nr. 214 (Seite 238)
Mit dem Beginn des Winterfahrplanes 1975/76 schieden die letzten in Crailsheim beheimateten 23er aus dem Plandienst, ihre Ausmusterung war für das Ende das Jahres 1975 vorgesehen. – So arrangierten die EFZ am 26.10.1975 eine Rundfahrt, die von Stuttgart über Tübingen, Ebingen, Sigmaringen und Rottweil wieder zurück nach Stuttgart führte. – Hier ist der Sonderzug mit 023 023 auf der Steigung bei Gomaringen zu sehen.

23 023

23 058

Nr. 215 (Seite 239)
Ein anderer Zug startete in Tübingen und kam über Ebingen und Sigmaringen nach Ulm. Unser Bild zeigt diesen Sonderzug frühmorgens auf der Steigung nach Hechingen. Die Zuglok 23 058 (Bw Crailsheim) erhält Unterstützung von der Schublok 051 543 (Bw Tübingen), da der rund 8 Wagen (ca. 320 t) umfassende Sonderzug für die 23er zu schwer geworden wäre (28. 12. 1975).

Nr. 216
Stets interessiert und immer hilfsbereit gab sich der B-Gruppenleiter vom Bw Hof, Hannes Haßlocher, wenn es um die Unterstützung und Dokumentation der zu Ende gehenden Dampflokzeit ging. Hier sehen wir ihn im Gespräch mit dem Autor, den Hintergrund bildet 58 311, eine ehemalige badische G 12.

5. Faszination Dampflokomotive

Nr. 217
Schnellzug D 854 nach Bamberg(–Würzburg–Frankfurt) kurz nach der Ausfahrt Hof, es führt 001 008 (09.12.1972).

001 131-2

◁ *Nr. 218*
Reger Betrieb im Bahnhof Neuenmarkt-Wirsberg! Im Vordergrund macht sich auf Gleis 4 001 131 mit Schnellzug D 853 (Tübingen–Würzburg–Bamberg–Hof) pünktlich um 12.49 Uhr auf den Weg nach Hof. Für die »Schiefe Ebene« hat sie eine Brennkraftlok BR 260 als Schub erhalten. Auf Gleis 2 wartet 052 339 mit Personenzug 2819 nach Hof, planmäßige Abfahrtszeit 13.02 Uhr. Auf Gleis 3 steht mit einer 50er der Personenzug 2826, der um 13.09 Uhr in Richtung Lichtenfels abfahren wird.

Nr. 219
001 180 und 001 088 vor Eilzug E 1649 auf der Fahrt nach Hof kurz hinter Münchberg (05.05.1973).

Nr. 220 *(Seite 244)*
Ausfahrt von Eilzug E 1649 in Bamberg, das Personal auf 001 211 und 001 008 hat die Regieanweisung des Autors vorbildlich beachtet. Während die erste Maschine mit fast weißem Abdampf anfährt, sorgt der Heizer auf der zweiten Lok für den gewünschten dunklen Kontrast!

001 211

Nr. 221 (Seite 245)
Hier der ausfahrende E 1649, Bamberg ab 16.38 Uhr, aus anderer Perspektive. Die schon tiefstehende Sonne vermittelt dieser Aufnahme eine besondere Stimmung (03.03.1973).

Nr. 222
Personenzug 7523 Lauda–Bad Mergentheim bei der Ausfahrt in Edelfingen. 023 018 leistet hierbei 023 030 Vorspann (01.03.1975).

Nr. 223
Blick auf Kessel und Triebwerk der Personenzuglokomotive 023 040.

012 081-6

Nr. 224
Während Nachtaufnahmen von stehenden Dampflokomotiven ein beliebtes Thema darstellten, wurden Bilder fahrender Maschinen bisher nicht bekannt. Hier die zweite Ausnahme: 012 081 und 042 271 mit einem nächtlichen Sonderzug in der Nähe von Rheine. Diese Aufnahme wurde mit Hilfe von 20 Elektronikblitzen, die alle kabellos über Fotozellen ausgelöst wurden, erstellt (29.05.1975).

Nr. 225
Güterzug Würzburg–Osterburken passiert frühmorgens den Haltepunkt Sachsenflur. Die planmäßig eingesetzte 50er erhält von einer 23er Vorspann (25.04.1975, Luftaufnahme von der Regierung in Oberbayern unter GS 300/6969 freigegeben).

Nr. 226
Der Nahverkehrszug N 7511 verließ morgens um 7.25 Uhr Lauda und kam um 9.03 Uhr in Crailsheim an. Zwischen Königshofen und Edelfingen verlief die Bahntrasse fast immer parallel zur Tauber. Auf diesem Streckenabschnitt entstand auch die hier gezeigte Luftaufnahme (25.04.1975).

001 168-4

◁ *Nr. 227*
Eilzug E 1863 Tübingen–Würzburg–Bamberg–Hof mit 001 168 auf der großen Geraden der »Schiefen Ebene« kurz vor dem Block Streitmühle. Bei einer Anhängelast von nur sechs Wagen wurde in der Regel auf eine Schiebelok verzichtet (13.04.1973).

Nr. 228
Noch im Herbst 1972 waren die Tübinger P 8 (BR 038) auch auf der landschaftlich besonders reizvollen Strecke Freudenstadt–Hausach und zurück eingesetzt. Im Bild sehen wir den Personenzug 5987, geführt von 038 772. Diese Aufnahme entstand zwischen Kirnbach und Hausach. Der Streckenkilometerstein 38 belegt den beschriebenen Standort (Oktober 1972).

Nr. 229
052 607 vor einem »Suppenzug« (Dg 48 547) auf der Fahrt von Dillingen nach Bouzonville (Busendorf). – Zwischen den Dillinger Hüttenwerken und Bouzonville kommen sogenannte Torpedowagen für den Transport von flüssigem Roheisen zum Einsatz. Diese Wagen bestehen aus einem riesigen Rundbehälter, der auf zwei siebenachsigen Drehgestellen ruht; bei gleichem Eigengewicht beträgt ihr Fassungsvermögen 150 Mp (13.03.1976).

Nr. 230
Diese Szene wurde bereits einmal auf Bild Nr. 138 in schwarz-weiß wiedergegeben. Während ersteres im Format 6x6 und Zeissobjektiv Sonar 150/4 abgelichtet wurde, wurde diese Szene im Format 9x12 und Schneiderobjektiv 250/5,6 erstellt. Die über die ganze Zuglänge erkennbare Schärfe zeigt deutlich die Verstellmöglichkeiten einer Plattenkamera.

Nr. 231

Betriebsingenieur Diehl (MA Saarbrücken) beim Kontrollieren des Ruhefeuers auf Lok 051 446. – Lag zwischen den Einsätzen einer Dampflok ein längerer Zeitraum, so z.B. eine Nacht, mußte der Heizer vor dem Abstellen der Maschine ein sogenanntes Ruhefeuer anlegen. Im Anschluß dran überwachten dann die »Feuermänner« des Bw dieses Feuer, schürten es, legten Kohle nach und hielten somit die Lok für den nächsten Einsatz bereit (13.03.1976).

Zum Weiterlesen aus dem Verlag transpress

Auf Dampflokfreunde übt das Dampflok-Bahnbetriebswerk eine ganz besondere Anziehungskraft aus. Hier kann man die Dampfloks noch hautnah erleben. Dieses Buch schildert den Alltag im Dampflok-Bahnbetriebswerk, die verschiedenen Aufgaben, Anlagen und Arbeitsgeräte.

128 Seiten,
Format 170 x 210 mm
ISBN 978-3-613-71415-1
€ 14,95
sFr 19,90/€(A) 15,40

Dieser Band beschreibt in kompakter Form die Einheitsloks der DRG. Eine kurze Einführung zur Geschichte der DRG und zur Entwicklung der Einheitsmaschinen ergänzen die Darstellung.

128 Seiten,
Format 170 x 210 mm
ISBN 978-3-613-71378-9
€ 14,95
sFr 19,90/€(A) 15,40

Dieser Band stellt die verschiedenen Dampflokbaureihen der Deutschen Reichsbahn der DDR vor und beleuchtet kompetent insbesondere die technische Seite.

144 Seiten,
Format 170 x 210 mm
ISBN 978-3-613-71367-3
€ 14,95
sFr 19,90/€(A) 15,40

Dieser Typenkompass informiert in bewährter Form über die Dampflokomotiven der Deutschen Reichsbahn von 1920 bis 1945.

128 Seiten,
Format 140 x 205 mm
ISBN 978-3-613-71402-1
€ 9,95
sFr 10,30/€(A) 14,–

www.transpress.de

Service-Hotline: 01805/00 41 55*

*0,14 €/Min. aus dem dt. Festnetz, max. 0,42 €/Min. aus Mobilfunknetzen

Stand Februar 2012
Änderungen in Preis und Lieferfähigkeit vorbehalten.